FAO中文出版计划项目丛书

满足味蕾的
养殖水产品
——探索十二种地中海与黑海鱼类
从海洋至餐桌之旅

联合国粮食及农业组织　编著

赵　文　马　赛　张　锐　等　译

中国农业出版社
联合国粮食及农业组织
2025·北京

引用格式要求：

粮农组织。2025。《满足味蕾的养殖水产品——探索十二种地中海与黑海鱼类从海洋至餐桌之旅》。中国北京, 中国农业出版社。https://doi.org/10.4060/cc5140zh

FAO中文出版计划项目丛书

指 导 委 员 会

前言

　　《满足味蕾的养殖水产品——探索十二种地中海与黑海鱼类从海洋至餐桌之旅》是联合国粮食及农业组织（粮农组织）下属的地中海综合渔业委员会（GFCM）首次推出的作品。书中详细介绍了地中海和黑海地区十二种极具价值和重要地位的水产品，着重阐述了它们的历史背景、宝贵的养殖技术、丰富的营养价值及独特的烹饪方法。

　　水产养殖业对粮食安全、就业促进及经济发展具有关键作用，它不仅有助于维持或提高粮食生产水平，还能确保野生种群捕捞量不超出其最大可持续产量。因此，地中海综合渔业委员会正全力推行"蓝色转型"战略，以实现该行业的可持续发展，这一点在《地中海综合渔业委员会2030战略：推动地中海与黑海渔业和水产业的可持续发展》（《GFCM2030战略》）中也有所体现。实现这一目标，同样意味着要提升社会对水产养殖业的认可，从而增强其竞争力和恢复力。本书的出版正是基于这些目标而进行的。

　　此书出版恰逢2022年国际人工捕捞渔业和水产养殖年之际，旨在认可并赋能该行业中的小规模手工渔民、农民和工人。地中海综合渔业委员会通过书中的成功故事，强调了小农在构建可持续粮食系统、促进粮食安全方面所做的宝贵贡献。

　　地中海综合渔业委员会还展示了其在生产健康、可持续且价格合理的水产品方面所投入的大量财力、物力和精力，并邀请年轻厨师为这些水产养殖食品代言，意在打破传统观念，吸引当前及未来的消费者。

米格尔·伯纳尔（Miguel Bernal）

执行秘书长

地中海综合渔业委员会

致谢

编辑协调员：多米尼克·布尔德内（Dominique Bourdenet）

技术协调员：胡萨姆·哈姆扎 （Houssam Hamza）

烹饪主管：朱利安·费雷蒂埃托尔（Julien Ferretti）

编辑：亚历山德里亚·舒特（Alexandria Schutte）、马修·克莱纳（Matthew Kleiner）

艺术指导和图片：基亚拉·卡普罗尼 （Chiara Caproni）

插图：阿里·艾莉（Ali Elly）

摄影：尼古拉斯·维利翁（Nicolas Villion）、丹尼尔·吉莱（Daniel Gillet）

技术贡献者：保罗·卡尔彭蒂耶里（Paolo Carpentieri）、法布里齐奥·卡鲁索（Fabrizio Caruso）、穆罕默德·沙勒贾姆（Mohamed Chalghaf）、玛丽昂·埃斯特韦（Marion Estève）、琳达·富尔丹（Linda Fourdain）、迈萨·加尔比（Maissa Gharbi）、丽萨·米奥内（Lisa Mionnet）、埃·莎贝塔·贝图利·莫雷洛（Elisabetta Betulla Morello）、玛丽·纳塔利齐奥（Marie Natalizio）、克里斯琴·尼（Christian Née）、乔治斯·匹斯马蒂斯（Georgios Paximadis）、剑崎·塔齐（Kenza Tazi）、戈蒂埃·冯纳（Gautier Wonner）

　　感谢法国保罗·博古斯酒店与厨艺学院对本次出版物中所有烹饪部分的贡献，他们不仅提供了健康、美味且可持续的食谱，还展示了年轻厨师在参与活动过程中的协调和配合能力。本书的出版离不开中心研究主任昂内斯·吉博罗（Agnès Giboreau）的悉心指导、坚定支持及深远见解。

　　我们由衷感谢各位生产商和年轻厨师为这一项目的发展所作出的宝贵贡献。他们的精彩故事、独到见解和宝贵建议，对我们而言都十分珍贵。

生产商： 劳拉·巴拉兹·杰鲁拉诺（Lara Barazi-Geroulanou）、马萨德·艾贝（Massaad Ejbeh）、贾达·吉亚维里（Giada Giavari）、詹妮·吉亚维里（Jenny Giavari）、约伊斯·吉亚维里（Joys Giavari）、鲁道夫·贾瓦里尼（Rodolfo Giavari）、塞萨尔·戈麦斯（César Gómez）、埃尔詹·库丘克（Ercan Küçük）、哈桑·库祖格鲁（Hasan Kuzuoglu）、穆罕默德·马哈茂德·科德（Mohamed Mahmoud Kord）、纳迪亚·塞尔米（Nadia Selmi）、穆罕默德·苏伊（Mohamed Souei）、布莱恩·塔克达（Brian Takeda）、弗洛朗·塔布里奇（Florent Tarbouriech）、瓦西里·特卡丘克（Vasyl Tkachuk）、阿布·亚赞（Abu Yazan）

年轻厨师： 奥雷里奥·阿莱西（Aurelio Alessi）、丽莎·巴博特（Lisa Barboteu）、迪拉拉·西门（Dilara Cimen）、萨拉·福迪尔（Sarah Fodil）、多尔·加利（Dor Gali）、努里亚·加里多（Nuria Garrido）、瓦西里奥斯·康斯坦丁尼迪斯（Vasileios Konstantinidis）、里哈布·纳格斯（Rihab Naguez）、丹尼尔·尼库林（Daniil Nikulin）、朱德·埃尔·谢纳维（Joude El Shennawy）、卢卡·维奥利（Luca Violi）、查登·齐亚德（Chaden Ziadeh）

特别要感谢那些为本项目管理和发展付出努力的专业人士，包括：艾泽尔河·本·杰杜（Ysé Bendjeddou）、玛丽昂·布兰奇（Marion Branchy）、尤丽叶·丘平（Julie Chupin）、圣保罗·戴唐诺（Paolo De Donno）、劳伦斯·里斯帕（Laurence Rispal）和埃丝特勒·珀蒂（Estelle Petit）

最后，我们也要衷心感谢因提萨尔·阿姆里（Intissare Aamri）、露西尔·布尔多内克（Lucile Bourdonnec）、阿黛尔·贝纳尔（Adèle Peenaert）和克拉拉·波尔谢·贝特尔斯（Clara Porcier-Bertels），感谢他们在本书推广和传播工作中所做出的卓越贡献。

养殖水产食品：
美味、健康、可持续

在地中海和黑海文化中，水产品占据着举足轻重的地位，极少有其他食物能与之媲美。这些水产品不仅是该地区的传统美食，也为成千上万的人提供了生计，同时也是日常饮食中健康的蛋白质来源。无论是代代相传、依据手写食谱进行烹饪的家庭厨师，还是为最挑剔的顾客精心烹制佳肴的知名大厨，地中海和黑海地区的居民都热衷于享用这些鱼类。那么，这些鱼类是如何从大海深处跃上餐桌的呢？令人惊叹的是，每年近300万吨的食材中竟然大多源自同一个养殖场。

地中海和黑海地区拥有35 000个水产养殖场，当地的水产养殖业正蓬勃发展，直接或间接地创造了超过50万个工作机会。该行业是在不损害野生鱼类自然生产力的前提下提高水生产品的产量，同时创造就业机会并推动经济发展的重要途径。在《GFCM2030战略》中，联合国粮农组织的地中海综合渔业委员会将提升该行业的质量和效率列为优先事项之一。

然而，尽管水产养殖业给当地带来了诸多好处，但当地居民却未能切实感受到这些益处。鉴于此，地中海综合渔业委员会精心撰写了这本关于养殖水产品的指南，旨在展现水产品从海洋到餐桌的完整旅程。本指南精选了12种在地中海和黑海地区极为重要且潜力巨大的水生生物进行详细介绍，深入揭示了养殖业的内部运作，旨在消除公众误解，并强调养殖水产品不仅美味健康，而且具备可持续性。每一章节都围绕一种鱼类展开，包含了地中海和黑海地区成功的生产商的创业故事，以及法国保罗·博古斯酒店与厨艺学院厨师精心设计的诱人食谱。希望通过阅读本指南，你能对水产养殖业有更深入的了解，并在下次品尝水产品时，选择尝试这些养殖鱼类中的某一种。

什么是水产养殖?

在深入探索食谱和认识生产商之前，让我们先对水产养殖业有个初步的了解。

简单来说，水产养殖是一种人为养殖水生生物的过程，这些水生生物包括鱼类、软体动物、甲壳类动物以及水生植物等。在水产养殖过程中，人们会进行一系列的人为干预，比如喂养这些水生生物，或者保护它们免受捕食者的侵害。

这些养殖出来的水生生物不仅可用于制造各种药品、营养品和生物技术产品，更是人们餐桌上的美味佳肴，它们营养丰富、味道鲜美，后文所提到的12个美味食谱就是极佳的例证。除此之外，水产养殖还具有另一个极其重要的作用：维持或增加水生生物产量，以有效缓解因过度捕捞给野生种群带来的巨大压力。

水产养殖通常在淡水、微咸水或海洋环境中进行，具体的养殖环境因物种而异。本书通过不同的案例介绍了多种养殖方法，包括池塘养殖、网箱养殖、吊绳养殖、罐体养殖和水道式养殖。

池塘养殖指的是在自然或人工构建的池塘中养殖水生生物。池塘养殖的历史悠久，最早可追溯到4 000年前。而网箱养殖则是近年来发展起来的一种方法，不仅在封闭的水域中可行，甚至在开放的海域下也能进行养殖。吊绳养殖则是一种利用水中的绳索来固定和支撑养殖物种的方法，这种方法特别适用于牡蛎、贻贝和海藻等生物的养殖。水池养殖则是以矩形水池或圆形水池为单位，为水生生物提供生长环境的养殖方式。而水道式养殖则指使用多个矩形和狭窄的人工水箱系统进行养殖，其特点在于水流的连续性。水池养殖和水道式养殖通常与集约化的农业实践相结合，有助于实现更高的产量和效率。

可持续性

关于水产养殖对环境的影响，人们往往存在许多误解。实际上，水产养殖对环境有积极作用，它可以在不影响其他野生种群生存状况的前提下，维持或增加水产品产量，特别是在环境较为恶劣时，水产养殖可以作为恢复种群及生态系统的自然友好型方案，甚至为当地环境带来净收益。具体来说，恢复性水产养殖有助于恢复水生生物栖息地，加强和补充野生种群，并通过固碳和改善水质来恢复生态系统的健康。这些举措使生态系统更能适应气候变化，为环境带来诸多益处。未来几年，随着粮农组织启动的"蓝色转型"战略，以及地中海综合渔业委员会通过的《GFCM2030战略》，动物健康和福祉将得到大力保护，水产养殖业的可持续性将得到进一步加强。这些战略旨在推动水产养殖业的发展，同时最大限度地减少其对环境的影响，确保水产养殖业的长期健康发展。

地中海和黑海地区的许多养殖场，包括本书所介绍的那些，确实已经将提高水产养殖业的可持续性列为优先事项。这些养殖场通过改进饲养方法、使用可再生能源以及改善生产方法等措施，努力减少水产养殖对环境的影响。

除了潜在的环境效益，水产养殖业确实可以带来积极的社会和经济影响，在改善生计和保障粮食系统可持续方面发挥重要作用。因此，在实现联合国17项可持续发展目标中，水产养殖业扮演着重要角色，特别是对于目标14（保护和可持续地利用海洋和海洋资源，进行可持续发展）来说。

养殖品种

这本书精心挑选并介绍了12种鱼类，选择的依据是这些鱼类在当地的受欢迎程度、独特的演变历史、对当地生态或经济的重要性以及它们在未来的可持续发展潜力。

- **鲤鱼**（*Cyprinus carpio*）：作为世界上最重要的淡水鱼种之一，鲤鱼凭借其实惠的价格和丰富的营养价值，赢得了广泛的喜爱。你可以尝试将其制作成鲤鱼丸，或者搭配烟熏茄子酱一同享用。
- **地中海贻贝**（*Mytilus galloprovincialis*）：因具有强大的适应性，能在各种环境中生存，地中海贻贝现已成为世界上养殖数量最多的软体动物之一。而迷迭香串烤贻贝配石榴酱这一道菜肴，则是不可多得的美味，非常值得一试。
- **金头鲷**（*Sparus aurata*）：高成活率和出色的摄食习性使金头鲷成为水产养殖的理想选择，备受水产养殖户的青睐。若想在家品尝其美味，不妨尝试在鱼腹内填入青茴香、橙子和刺山柑，烘烤后享用。
- **鲻鱼**（*Mugil cephalus*）：这种鱼类在当地拥有悠久的养殖历史，其强大的适应力、简单的饮食习惯以及快速生长的特性使其备受赞誉。为了享受其独特风味，可以将鲻鱼裹上金黄的面包糠煎至酥脆，再搭配龙蒿酱一同食用。

- **球海胆**(*Paracentrotus lividus*)：这种多刺的圆形棘皮动物是该地区重要的食草动物，因其独特的口感而受到人们的喜爱。将拟球海胆与鸡油菌和橘子一同烹饪成烩饭，便成了一道令人垂涎欲滴的美味佳肴。

- **海藻**(*Gracilaria* spp. and *Ulva* spp.)：该地区自古以来就有着采收海藻的悠久传统，而将海藻作为海洋养殖产品则相对较晚。想要尝试海藻的新吃法，不妨将其加入有开心果和椰枣的塔吉锅中，烹饪出独特的美味。

- **罗非鱼**(*Oreochromis* spp.)：这是一种热带鱼类，常见于温暖的水域，具有杂食性和快速生长的特点。为了品尝其独特风味，可以尝试搭配混合红辣椒、烤西葫芦、莳萝和芝麻酱，制作成充满土耳其风味的三明治，口感绝佳。

- **大菱鲆**(*Scophthalmus maximus*)：因其温和的味道和对健康的益处而广受欢迎，故大菱鲆的水产养殖产量迅速增加。为了享受大菱鲆的美味，可以尝试将其与茄子、芝麻菜和罗勒香蒜沙司一同煎炒。

- **欧洲鲈**(*Dicentrarchus labrax*)：作为首个在欧洲实现商业养殖的非鲑鱼物种，它能够在盐度和温差较大的水域中生存。想要尝试其独特风味，可以借鉴地中海风格的做法，用面包皮包裹茄子酱和鱼肉享用。

- **虹鳟**(*Oncorhynchus mykiss*)：凭借其生长速度快、易产卵和强大的适应力，虹鳟自19世纪以来便受到全球渔民的喜爱。想要尝试新的烹饪方式，可以将虹鳟和鼠尾草一起烤熟，再搭配西葫芦和核桃调味料一同享用。

- **太平洋牡蛎**(*Magallana gigas*)：这种牡蛎生长迅速且适应力强，成了世界许多地区生产商的首选。为了品味其独特风味，可以将牡蛎与桃子和番茄相结合，制作成牡蛎塔塔酱，口感鲜美无比。

- **欧洲鳇**(*Huso huso*)：欧洲鳇的历史可追溯至数亿年前，是世界上最古老的淡水鱼之一。由于它的生物学特性，野生欧洲鳇种群受到保护，只能进行人工养殖。人工养殖不仅创造了就业岗位，还为人们提供了美味的鱼子酱和鲜嫩的鱼肉。品尝时，可以将欧洲鳇佐以盐分烘烤至香脆，再与意大利烩饭一同享用，滋味美妙绝伦。

水产品能带给我们什么？

水产养殖的一大显著优势在于，它能使原本价格高昂的水产品变得更为亲民，让人们无需花费过多即可享受到高品质的水产美味。在条件允许的情况下，我们应优先选择加工程度较低的水产品，同时减少食用预制食品，如面包鱼、酱汁鱼、炸鱼丸、炸鱼块以及鱼或贝类慕斯等。

在市场上购买鱼类时，请记住每份鱼应为100克，每周推荐摄入量为两份，其中一份最好选择富含多不饱和脂肪酸和ω-3脂肪酸的油性鱼。

推荐您在当地的小型水产养殖生产商处购买水产品。这些生产商对于保障粮食安全、维持生计和发展福祉有着重要作用，特别是在沿海和农村地区。从他们那里购买产品，不仅是对他们辛勤工作的支持，还能够促进当地的经济发展。

营养价值

在传统烹饪和现代烹饪中，水产品无疑是一种美味且极具搭配性的食材，同时也为健康带来诸多益处。它们富含优质蛋白质、健康脂肪、维生素和矿物质，且碳水化合物含量相对较低，因此是餐桌上的绝佳选择，也是享有盛誉的地中海饮食中的核心组成部分。

每份鱼肉（100克）的平均蛋白质含量高达19克，而贝类的蛋白质含量略低。鱼类蛋白质质量上乘，易于人体消化吸收。

过量摄入饱和脂肪酸会给健康带来负担，相较于其他肉类，水产品的饱和脂肪酸含量通常较低，同时富含优质脂肪，因此成了一种不可或缺的食材。这些脂肪不仅是人体细胞的重要组成部分，还在身体中发挥着关键作用，为人体提供能量并影响激素功能。特别值得一提的是，鱼类中富含ω-3脂肪酸。这种脂肪酸对健康至关重要，它有助于预防心血管疾病，保障大脑的正常功能，并对神经系统有积极影响。此外，ω-3脂肪酸还有助于降低患某些癌症的风险。然而，由于人体无法自行合成ω-3脂肪酸，我们必须通过饮食来摄取。因此，建议在日常饮食中增加水产品等富含ω-3脂肪酸的食物的摄入量，以维护身体健康和预防疾病。

鱼类不仅是蛋白质的重要来源，同时也是含维生素B_6和维生素B_{12}最多的肉类之一。维生素B_6参与蛋白质和多种生理反应的更新，而维生素B_{12}则是人体必需的维生素。此外，水产品中的维生素D、维生素A和维生素E的含量也相当丰富。这些维生素对于保障骨骼健康、增强免疫力、保护视力以及预防慢性退行性疾病都起着重要作用。

水产品还富含许多人体必需的矿物质，如钾、磷、钙、钠、硒、铁、碘和锌。这些矿物质在保障骨骼健康、调节血糖水平、维持身体水分平衡等方面发挥着关键作用。

现在，你已经深入了解了水产养殖的奥秘以及水产品的诸多益处，是时候踏上从海洋到餐桌的奇妙旅程了。在这个旅程中，您将有机会领略到各种生产商的辛勤努力和独特故事，更深入地了解地中海和黑海地区水产养殖业的实际情况。同时，我们也为您准备了12个美味的水产品食谱，希望能够为您的餐食选择增添灵感。

目录

鲤鱼

Cyprinus carpio

在地中海和黑海地区的鲤鱼

拉丁学名：*Cyprinus carpio*

科：鲤科

年均产量（2016—2020年）：
约153 200 吨

鲤鱼产量排名前三的国家：
俄罗斯、埃及、乌克兰

所有养殖活动均在淡水环境中进行。

富含维生素和矿物质，是一种经济实惠
的蛋白质来源。

资料来源：联合国粮农组织渔业及水产养殖业司，2023。全球
水产养殖产量（1950—2020年）。fao.org/fishery/statistics-
query/en/aquaculture/aquaculture_quantity

数据基于地中海综合渔业委员会（GFCM）的促进地中海水产养
殖信息系统（SIPAM）。

鲤鱼

Common carp

鲤鱼（*Cyprinus carpio*）易于养殖，生命力顽强且能适应多种水产养殖技术，是世界上最重要的养殖鱼类之一。在地中海和黑海地区，许多鲤鱼品种均为商业化养殖生产，但鲤科中的鲤鱼是迄今为止产量最高的品种（粮农组织，2023）。鲤鱼经济实惠且富含蛋白质，几千年来一直是重要的食物来源，至今仍然是许多菜单上的主食。

烹饪与营养价值

鲤鱼作为一种半脂肪鱼类，被视为蛋白质、维生素和基本矿物质的宝贵来源。其肉质紧实且略带粉红色，不仅价格实惠，而且热量低。鲤鱼可通过多种方式烹饪，如烤、熏、炖、填馅或炖汤，都能展现其独特的美味。此外，将鱼肉剁碎后，还可以制作成美味的焗菜或鱼丸。

当地养殖情况

地中海和黑海地区的鲤鱼养殖主要集中在埃及、俄罗斯和乌克兰，据粮农组织2023年的数据，这三个国家2020年的鲤鱼总产量约为152 500吨。鲤鱼在中国的养殖历史已有千年之久，鲤鱼也是最早引入欧洲的淡水鱼类之一（Copp等，2005）。然而，鲤鱼的驯化育种直到12世纪至14世纪中期才逐渐开始。

19世纪，欧洲的生产商开始在池塘中对鲤鱼进行受控的半自然养殖，并培育幼鲤（粮农组织，2022a）。

如今，鲤鱼因其强大的适应性和应对不断变化的环境条件的能力，持续受到养殖户们的高度关注（Manjappa等，2011；Rahman，2015）。鲤鱼的生产周期主要包括三个阶段：种鱼供应、育鱼和养殖。在种鱼供应阶段，最有效的方法是通过将水温保持在 20 ～ 24℃来诱导鲤鱼产卵。孵化出的幼鱼，即鱼苗，会先在大型锥形池中短暂停留，随后被转移到浅而可排水的池塘中培育 3 ～ 4 周。如果池塘中捕食者过多，鱼苗会被转移到安全的人工蓄水池中。在育鱼期间，鲤鱼幼鱼主要以轮虫（一种微型动物）为食，同时辅以豆粕、谷物粉、肉粉、米糠或米麸等补充营养。之后，鲤鱼会被转移到半集约化的池塘中继续生长，直到长成一指长的小鱼（粮农组织，2022a）。接下来是养殖阶段，鲤鱼需要再经过 120 ～ 170 天的生长才能达到 0.5 千克的体重，而长到 3 千克则需要 240 ～ 340 天。一旦达到合适的体重，渔民们通常会使用围网进行捕捞（粮农组织，2022b）。

乡村企业德泽雷拉：引领乌克兰鲤鱼养殖现代化，强化粮食安全

在乌克兰的拉迪维利夫（Radyvyliv），乡村企业德泽雷拉（Dzherela）以其独特的鲤鱼育种技术和创新能力，成为当地鲤鱼养殖领域的先驱。该企业专注于提高养殖鲤鱼的生产力，同时增强鲤鱼对各种疾病、压力和工业技术的抵抗力，致力于保障乌克兰的粮食安全。

© 德泽雷拉公司

德泽雷拉公司与乌克兰国家农业科学院渔业研究所（NASSU）紧密合作，共同开展乌克兰鲤鱼品种（如加利奇鲤鱼和卢宾鲤鱼）的培养、繁殖和人工选择工作。不仅如此，德泽雷拉还引进黑龙江鲤鱼（*Cyprinus rubrofuscus*）的亲鱼，通过杂交技术培育出鲤鱼新品种。

然而，德泽雷拉公司并非一开始就专注于选择性育种，甚至并非专注于水产养殖。2002年，该公司以培育喀尔巴阡蜜蜂和种植大豆、蓟、裸燕麦、小麦等多元化作物起家，致力于为环保、有机的本土产品打造一个完整的生态系统。随着业务的发展，德泽雷拉公司迅速扩展至水产养殖领域。他们租用了附近的鱼塘，并在2002年底开始管理总面积达40公顷的水域。受其最初的成功的鼓舞，德泽雷拉公司不断加大投入，重建水利设施、湿地排水并新建池塘，以提高生产能力。如今，该企业占地面积达500公顷，其中200公顷用于种植燕麦、大豆、蓟和小麦等作物，而其余300公顷则专门用于水产养殖。

自2006年起，德泽雷拉公司与乌克兰国家农业科学院渔业研究所携手合作，重点培育卢宾同种型鲤鱼种苗。四年后，该公司开始将视线转向乌克兰本土鲤鱼品种——加利奇鲤鱼。这种鲤鱼在此前的养殖过程中表现出了良好的生长性能和适应性，因此成了德泽雷拉公司新的育种重点。如今，德泽雷拉公司继续推进选择性育种领域的研究。他们成功地将高质量的加利奇雌性鲤鱼和卢宾雄性鲤鱼进行杂交，培育出了生长迅速、适应性强的新品种鲤鱼。德泽雷拉以推动育种研究为己任，致力于提升乌克兰国内水产养殖业的产量。他们通过组织现代化的生产方式，不仅促进了农村地区的发展，还提高了就业率。同时，也成功培育出工业化养殖的鲤鱼新品系，为国内市场提供了健康、有机的鱼类产品。

早春时节，当水温升至10℃时，养殖场的育种工作便正式启动。资深鱼类育种员会依据鱼的繁殖和生产性能，对它们进行细致的综合评估，以确定每条鱼的等级——精英级、一级或二级。其中，被评为精英级的鲤鱼将被选为繁殖的种鱼。产卵后，这些亲鱼会被转移到肥育池中进行精心养护，直至秋季，随后再安排越冬。到了深秋，养殖场会开始大规模生产商品鱼和鱼苗，并同步开始准备育苗池和肥育池。

产卵后，鱼苗会被放入专门的育苗池中养殖。每年十月的第二周，都是收获的季节。

在过去的20多年里，德泽雷拉公司一直致力于推动当地市场和生产商的发展，同时也为提高该地区的粮食安全作出了贡献。在2022年俄乌冲突爆发之际，该企业迅速响应，毫不犹豫地扩大了水产品的生产和供应，因此成了水产养殖业中首批支持国家战时水产品生物资源供应、保障国家粮食安全的企业之一。

© 地中海综合渔业委员会/丹尼尔·吉莱特

"在法国，鲤鱼、鲈鱼和鳟鱼都是常见的可食用鱼。鲤鱼切成小块后煎炸十分美味，可以搭配柠檬汁或蛋黄酱一同食用。也可以用一道清新的沙拉作为配菜，为这道菜增添几分清新之感。"

奥雷里奥·阿莱西（Aurelio Alessi），法国保罗·博古斯酒店与厨艺学院烹饪专业学生

© 德泽雷拉公司　　　　　　　　　　　　© 德泽雷拉公司

随着生产力的持续增强和乌克兰本土鲤鱼种鱼库的建设，该公司意识到优化监管环境的重要性。德泽雷拉公司呼吁更新租赁水体用于水产养殖的流程，特别是放宽有关用于饲养繁殖和遗传物质的水体使用一般水的限制，并简化法律框架，以加强国家对此领域的支持力度。此外，由于生产成本（包括燃料、饲料、肥料等）的上涨以及消费者购买力的下降，企业面临着巨大的经济压力，而这些额外的开支无法通过提高产品价格来完全弥补。

在与国家农业科学院渔业研究所的紧密合作下，该公司致力于巩固杂交鲤鱼品种的地位，并计划对种鱼进行深入的遗传研究。他们计划建立一个基于遗传护照的数据库，以加强在选择育种方面的知识储备。通过这些行动，德泽雷拉公司旨在使乌克兰鲤鱼品种的现有基因库合法化，并推动欧洲乃至国际养殖场和研究机构在选择和育种关系研究方面的发展。

同时，该企业还计划引入一种人工繁殖方法，即建造一个孵化设施。这一设施将在受控条件下进行育苗培育，确保鱼苗能够顺利成长至可存活的阶段。

"我们的核心目标是站在选择性育种领域的前沿，不断提升该地区的鲤鱼产量，确保粮食安全。"

地区传统与特色食谱

　　鲤鱼在地中海和黑海的烹饪历史中占有一席之地，其悠久的传统令人瞩目。法国美食家让·安塞尔姆·布里拉特·萨瓦林（1755—1826）更是将鲤鱼视为一种高贵的食材，他创造性地提出了将鲤鱼同猪油、面包和小龙虾一起烹饪的方法，鱼子则用来给煎蛋卷调味。

　　然而在20世纪，鲤鱼却不幸地被认为是劣质鱼类，主要原因在于其口感不佳。幸运的是，随着水产养殖技术的进步，研究人员成功地培育出了口感细腻的鲤鱼新品种。

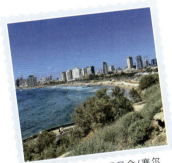

© 地中海综合渔业委员会/塞尔瓦吉·科涅蒂·德·马蒂斯

以色列/鱼丸

　　这道源自德系犹太人的食谱，以切碎的鲤鱼肉为主料，既可以煮成肉丸食用，也可以作为烤白鱼的馅料。首先，鲤鱼去骨切片，并去除鱼皮，鱼头、鱼鳍和鱼皮与洋葱、胡萝卜、百里香、月桂和黑胡椒一同熬制鱼汤。接着，将鱼肉与面包糠、面粉、煮鸡蛋和盐混合，搅拌均匀后，捏成球状。这些鱼丸随后被放入预先准备好的鱼汤中，煮至熟透。鱼丸搭配用辣根和甜菜根制成的红酱汁一同上桌。

黑山/炖鲤鱼

© 地中海综合渔业委员会/多米尼克·布尔德内

　　这道菜直译为"炖鲤鱼"，是黑山地区斯卡达尔湖周边享有盛名的传统美食。其原料主要是经过精心处理的鲤鱼，去鳞去内脏。制作时，先用锋利的刀细心地切开鱼皮，将处理好的鲤鱼放入平底锅中，煎至两面金黄。与此同时，准备一道独特的甜咸混合物，由炒洋葱、苹果、南瓜、李子、番茄、面粉和白葡萄酒醋精心调制而成。将煎好的鲤鱼放入炖锅中，浇上准备好的甜咸混合物。随后，将炖锅放入预热好的烤箱中烘烤，直至鱼肉完全熟透。

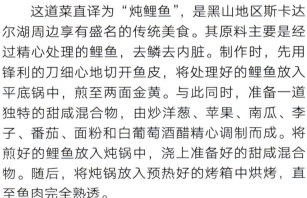

罗马尼亚/鲤鱼汤

© 地中海综合渔业委员会/
森济娅娜·德米安

罗马尼亚鲤鱼汤是一道深受当地人喜爱的传统汤品。这道汤品主要选用多瑙河鲤鱼为主料。鲤鱼需去鳞去内脏，在制作过程中，可整条烹制或切成包含鱼头和鱼鳍的块状。随后，将鲤鱼放入发酵麦麸制成的微酸汤料中炖煮，再将胡萝卜、芹菜、洋葱和土豆等蔬菜切成丁，扔进汤中。烹饪完成时，加入欧芹和欧当归叶给汤底调味。也有人会在炖汤时加入辣根和红灯笼椒。

烹饪小技巧

如何处理鲤鱼？

新鲜的鲤鱼吃起来味道更好。在挑选鲤鱼时，应确保鱼眼明亮、鱼鳃鲜红，且鱼皮光亮。在家处理整条鲤鱼时，建议使用刀背刮去鱼鳞，注意不要划破鱼皮。接着，用鱼骨镊仔细去除鱼骨和内脏，之后用清水洗净镊子，以防止有鱼骨粘连。

如何烹饪鲤鱼？

鲤鱼的烹饪方式丰富多样，可烤制于烤架或明火之上，亦可炖煮成汤。炖煮鲤鱼时，切记勿在鱼入锅后立即煮沸汤汁，以防鱼肉过干。若鲤鱼已切片，可加入适量橄榄油和盐煎制。

如何给鲤鱼调味？

尽管鲤鱼常被认为带有泥腥味，但水产养殖场中的鲤鱼生长在新鲜、干净的水中，因此味道温和且带有芳香。由于鲤鱼肉质较为清淡，适合用多种香料和香草来增添风味。为了增强鲤鱼的口感，可以用白葡萄酒或柑橘汁搭配香草来腌制鱼片。

以下是与鲤鱼搭配的最佳食材，可以制作出独特的地中海和黑海风味菜肴。

蔬菜
- 土豆
- 番茄
- 洋葱
- 芜菁
- 青豆
- 胡萝卜

水果
- 柠檬
- 橙子
- 葡萄

香草和香料
- 月桂叶
- 迷迭香
- 百里香
- 欧芹

调味料
- 葛缕子
- 孜然
- 生姜
- 黑胡椒

肉类和乳制品
- 干火腿
- 菲达奶酪

谷物、豆类和坚果
- 杏仁
- 开心果
- 芸豆
- 意大利烩饭米
- 翡麦

鲤鱼丸搭配
烟熏茄子酱

类型：
开胃菜
份数：
4 人份
准备时间：
20 分钟
烹饪时间：
10 分钟

　　这道菜融合了东方和北非风味，采用北非香料、香菜和葡萄干，将鲤鱼制作成类似中东炸肉丸的鲤鱼丸，再搭配独特的烟熏茄子酱，这款酱的灵感源自黎巴嫩的茄子蘸料。

所需厨具

- 砧板
- 烤盘
- 防油纸
- 搅拌机
- 搅拌碗
- 勺子
- 深炸锅
- 碗

所需食材

烟熏茄子酱
- 4 个茄子
- 盐和胡椒
- 1 瓣大蒜
- 1 汤匙芝麻酱
- 1 个柠檬的汁
- 4 汤匙特级初榨橄榄油
- 1 茶匙烟熏辣椒粉

鲤鱼丸
- 4 片鲤鱼片
- 1 / 2 个白洋葱
- 3 片软面包
- 1 个鸡蛋
- 半束新鲜香菜
- 1 个柠檬的汁
- 一把葡萄干
- 1 / 2 汤匙北非香料
- 盐和胡椒
- 炸制用菜籽油

顶料
- 1 个石榴

11

制作步骤

. . . .

茄子酱

　　将茄子纵向切片，然后整齐地摆放在铺有防油纸的烤盘上。在茄子上淋上橄榄油，并用盐和胡椒粉进行调味。接着，将烤盘放入预热至180℃的烤箱中，烘烤30分钟。烤好后，将茄子肉从皮上剥下，与切碎的大蒜、芝麻酱、柠檬汁、烟熏辣椒粉和橄榄油混合搅拌，最后再次用盐和胡椒粉进行调味即可。

鲤鱼丸

　　先将鲤鱼剔骨去皮，用冷水冲洗干净后备用。接下来，将洋葱切碎，并与鲤鱼片、软面包片、鸡蛋、香菜、柠檬汁和葡萄干一同混合搅拌。然后，加入北非香料、盐和胡椒粉进行调味。用两个勺子将混合好的鱼面糊捏成球状。最后，将捏好的鲤鱼丸放入180℃的油锅中炸制3分钟，直至表面金黄酥脆即可。

摆盘

　　将石榴切成两半，剥出石榴粒。把鲤鱼丸放入大碗中，配上茄子酱，撒上石榴粒。

营养成分表

	每100克	每份配方
热量	552 千焦	13 359 千焦
蛋白质	7.1克	172.0克
碳水化合物	3.8克	92.1克
纤维	1.6克	39.2克
糖	2.7克	64.9克
脂肪	9.4克	226.0克
饱和脂肪	1.3克	32.3克
钠	58.6毫克	1 417毫克

地中海贻贝

Mytilus galloprovincialis

地中海和黑海地区生产的地中海贻贝

拉丁学名：*Mytilus galloprovincialis*

科：贻贝科

年均产量（2016—2020年）：
约320 300 吨

地中海贻贝产量排名前三的国家：
西班牙、意大利、希腊

淡水养殖占比99%，微咸水养殖占比1%。

贻贝营养健康、易于烹饪且价格实惠，是许多沿海餐厅中的常见佳肴。

资料来源：联合国粮农组织渔业及水产养殖业司，2023。全球水产养殖产量（1950—2020年）。fao.org/fishery/statistics-query/en/aquaculture/aquaculture_quantity

数据基于地中海综合渔业委员会（GFCM）的促进地中海水产养殖信息系统（SIPAM）。

地中海贻贝

Mediterranean mussel

地中海贻贝（*Mytilus galloprovincialis*）起源于地中海，现已成为全球范围内养殖和商业化程度最高的软体动物之一（Turolla，2016）。在欧洲，仅2020年，这种双壳类动物的产量就近30万吨（欧盟统计局，2022）。这一成就部分归功于地中海贻贝的出色适应性，其能在不同温度和氧气水平下的近海地区和潟湖中生存，同时其养殖所需的技术门槛也相对较低。

烹饪与营养价值

贻贝因价格实惠且烹饪迅速，是沿海餐馆的优选食材。它们富含蛋白质和 ω-3 脂肪酸，肉质中还带有碘的鲜味。贻贝既可以搭配柠檬汁生吃，也可以制成生鱼片，或者加热烹饪，如清蒸、炖汤、油炸或烧烤，味道均十分美味。

当地养殖情况

地中海贻贝商业养殖的最早记录可追溯到 1901 年的西班牙塔拉戈纳，当地农民利用木杆支撑贻贝生长。八年后，这种养殖方式扩展至巴塞罗那，但随后因浮动结构的兴起而被淘汰。到 1946 年，筏式养殖法被引入，即把贻贝苗种悬挂在漂浮木筏下的绳索上，此举极大提升了产量（粮农组织，2022c）。至今，筏式养殖仍是主流方式，但现代养殖者更倾向于将绳索挂在木架上或直接将长绳悬挂在漂浮的浮标上。

贻贝筏式养殖是一种普遍的水产养殖方式，它在整个生产周期内无需饲料或抗生素，而是完全依赖环境提供贻贝生长所需的条件。因此，保证水域的水质尤为重要。同时，养殖者还需为贻贝提供稳定的生长基质，管理种群数量，并维护养殖设施的正常运作。

在养殖初期，养殖者会将贻贝苗种附着在悬挂的绳索上。经过5～6个月的生长，当贻贝达到市场所需大小的一半时，养殖者会开始疏苗工作。这一步骤是为了防止贻贝从绳索上脱落，并促进其快速且均匀的生长。养殖者会将绳索从水中提起，用手摘除贻贝，然后按照大小对它们进行分类。分类后的贻贝会被重新附着在新的绳索上，并继续生长。这个过程会不断重复，以确保所有贻贝在收获时都能达到相似的大小。贻贝通常需要8～13个月的时间才能长到市场所需的规格。为了实现全年生产，许多养殖者会采用一种高效的方法：在同一条绳索上同时收集苗种、养殖贻贝并保留达到市场规格的贻贝。

高峰收获时间因环境条件的差异而有所变化，但通常会在繁殖季节之前，这时贻贝的营养价值最高。养殖者会使用起重机将绳索吊起移至船中，摘下贻贝，并将体积过小的贻贝重新附着在绳上，让它们继续生长。

塔布里奇集团：
三代传承，六十余载水产养殖创新历程

塔布里奇集团（The Tarbouriech Group）如今已成为地中海酒店服务业中响当当的名字，旗下产业丰富，包括位于法国贝尔潟湖湖畔（Thau Lagoon）的度假村和水疗中心、一家销售定制化妆品的精品店以及众多品酒场所。然而，许多消费者在享受海边午餐的惬意或在水疗中心放松

©梅迪索

©梅迪索

时，或许未曾意识到这个家族企业的核心业务——水产养殖，才是其深厚底蕴与持续创新的体现。

1962年，身为葡萄种植者和葡萄酒酿造师的皮埃尔·塔布里奇（Pierre Tarbouriech）

©梅迪索

离开了他的葡萄园，转而投身于潟湖，开启了一段全新的冒险——牡蛎养殖。他凭借对事业的奉献精神和对手艺的热爱，与家人共同经营并发展这项业务。当他的儿子弗洛朗·塔布里奇（Florent Tarbouriech）年满16岁时，皮埃尔便将他引入这一行。在皮埃尔的带领下，塔布里奇家族不断扩大养殖场规模，拥有了占地50平方米的生产车间和位于潟湖上的三个生产台。

不幸的是，皮埃尔于1986年离世，年仅20岁的弗洛朗便肩负起了发展家族产业的重任。三年后，在家人的支持下，弗洛朗以与父亲同样的热情创立了梅迪索集团（Médithau），作为塔布里奇集团的一个分支，专注于贝类养殖业务，旨在为每个人提供可持续、健康且高质量的海鲜。

在弗洛朗的引领下，塔布里奇集团十年间崛起为欧洲领先的贻贝和牡蛎生产商之一，产品荣获国际最高标准认证，这一成就主要得益于公司的不断创新和业务拓展。

在潟湖，成串的贻贝常被悬挂在桌子下方并浸入水中。尽管海湾的水质优良，已培育出饱满鲜美的贻贝，但塔布里奇集团仍不断追求更高品质。1989年，集团与该地区的研究团队及其他机构合作，在地中海成功试验了地下绳养殖贻贝技术。此后的十多年里，塔布里奇在法国塞特海岸外海域采用长绳养殖法，使贻贝产量迅速增长，并凭借其独特口感和美味赢得了消费者的喜爱。

虽然21世纪初的强烈冬季风暴以及鲷鸟的捕食导致贻贝产量大幅下滑，但塔布里奇家族并未气馁，他们积极寻求创新解决方案，以恢复生产并保留该地区的贻贝养殖传统。2017年，塔布里奇集团借鉴意大利水域养殖的成功经验，安装了抗风暴地下线，并引入了海鲷种群管理和维护的

"我们的使命是持续为日益增长的居民提供高品质的蛋白质产品，并分享我们的生活艺术。"

© 地中海综合渔业委员会／丹尼尔·吉莱特

"在希腊，鱼类和贻贝在日常饮食中占据重要地位。其中，一种深受喜爱的传统贻贝烹饪方式被称为'米多皮拉福'（midopilafo），其做法与意大利烩饭相似。这道菜的主要成分是烤米饭，辅以洋葱、白葡萄酒和高汤慢慢炖煮，最后加入贻贝提味。"

瓦西里奥斯·康斯坦丁尼迪斯（Vasileios Konstantinidis），法国保罗·博古斯酒店与厨艺学院烹饪专业学生

理念。这一创新养殖系统使贻贝的年产量增加至800吨。此外，塔布里奇集团还建立了一座超现代化的贻贝处理中心，拥有3 500平方米的处理室和实验室，以及1 750平方米的养殖池。这里不仅加工自家生产的800吨贻贝，还额外处理来自外部生产商的5 000吨贻贝。

塔布里奇集团进一步彰显了对创新的坚持，他们正在更新潟湖传统的养殖技术，用于养殖另一种贝类——牡蛎。弗洛朗·塔布里奇成功研发并申请了专利的养殖系统，能够模拟地中海所缺乏的潮汐流。系统自动化程度高，支持远程控制，且由太阳能和风能驱动。该系统助力集团产出350吨高质量的牡蛎。经过验证，该系统效果显著，集团已在法国以外的水域进行了多尝试，并在意大利、西班牙和日本推广了这一养殖系统。

塔布里奇集团的目标不仅限于水

产养殖的多元化。他们始终秉持着分享生活艺术的理念，生产和销售优质海鲜产品。2011，随着弗洛朗的子女弗洛里和罗曼的加入，集团创建了位于水边的圣巴特（Saint- Barth）餐厅，供应新鲜捕捞的塔布里奇贻贝和牡蛎。十年后，他们在卢皮昂（Loupian）开设了第二家餐厅圣皮埃尔，餐厅坐拥圣克莱尔山（Mont Saint-Clair）美景。随后，塔布里奇集团的业务进一步拓展至生态旅游领域，于2018年开设了位于古老小岛上的塔布里奇度假村（Domain Tarbouriech），这里毗邻海洋与潟湖，为客人提供放松、游泳、水疗服务以及新鲜贝类美食。水疗中心还配备了Tarbouriech品牌保健产品，这些产品蕴含从该集团养殖牡蛎中提取的珍贵珍珠母及丰富的海洋活性成分。

2022年，塔布里奇集团继续其多元化步伐，收购了位于蒙彼利

埃（Montpellier）的雅克·科尔大厅（Jacques Coeur Hall）的鱼店，并开设了一家海边酒吧，供应塔布里奇贻贝、牡蛎和新鲜的鱼。目前，集团正致力于研发一系列牡蛎肉制成的无麸质产品，供消费者在家享用。

面对全球变暖导致的潟湖环境缺氧致使海洋生物死亡、牡蛎受到捕食以及旅游活动增加带来的废水排放三大挑战，塔布里奇集团正积极与私营和公共研究中心合作，以应对这些威胁。凭借令人瞩目的系列产品、遍布全球的100个生产机构以及每年1 150吨的产量，塔布里奇集团下一步的动向备受期待。自成立以来，集团始终坚守使命，致力于以可持续方式为消费者提供高质量的蛋白质，并通过不断发展与开设新餐厅、酒店、水疗中心和品鉴场所，继续分享他们的生活艺术。

地区传统与特色食谱

在地中海和黑海地区，贻贝的消费历史久远。早在公元1世纪，罗马美食家、《论厨艺》（De Re Coquinaria）一书的作者马库斯·加维乌斯·阿皮丘斯（Marcus Gavius Apicius）就记载了一种以甜酒和发酵鱼酱"加鲁姆"（garum）腌制的贻贝食谱。而今天，贻贝则多以清蒸、油炸或煎炸的方式烹饪，成为海边餐厅和街头小摊的常见美味。

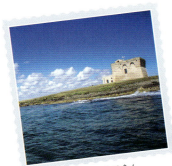

©地中海综合渔业委员会／
塞尔瓦吉·科涅蒂·德·马蒂斯

意大利/贻贝浓汤

这道菜起源于18世纪的那不勒斯（Naples）地区，是复活节大斋日（又叫做"圣周四"）的传统佳肴。其烹饪方法是先将贻贝与白葡萄酒和月桂叶一同蒸煮，待贝壳自然打开后，滤出剩余汤汁，除去碎壳备用。随后，在锅中以橄榄油炒制芹菜碎、胡萝卜和洋葱，接着加入预留的汤汁、鱼汤和番茄丁。待汤料微沸后，加入黑胡椒和柠檬汁进行调味。最终，将蒸熟的贻贝与调制好的汤汁一同盛入碗中，即可享用。

◎ 地中海综合渔业委员会/
森济娅娜·德米安

西班牙/贻贝福袋

这道菜肴是西班牙著名的塔帕斯（tapas）系列菜肴中的一道美味。制作时，首先将贻贝在清水中仔细分类并清洗干净，随后下锅蒸直至贝壳自然张开。接下来，将洋葱、番茄和青红椒切成小丁，并与一种特制的烟熏辣椒粉（西班牙语"pimenton de la vera"）一同在锅中翻炒，调制成丰富的蔬菜沙司。在蒸好的贻贝中加入炒制好的蔬菜沙司和白酱，裹上一层面包糠，放入预热好的烤箱中烤至表面金黄酥脆，即可享用这道美味的塔帕斯贻贝了。

◎ 地中海综合渔业委员会/
克劳迪娅·阿米科

土耳其/烤贻贝

在土耳其，这道菜是一道受欢迎的海岸线街头食品。其制作方法是先将蒸熟的贻贝从壳中取出，放置在烤架上。随后，将贻贝裹上面糊，放入锅中进行油炸。炸好的贻贝与酸爽的塔拉托尔酱（tarator）一同上桌，供食客享用。这款酱料由浸水的面包与大蒜、芝麻酱和柠檬汁混合搅拌而成，直至形成光滑细腻的糊状。有些厨师在制作时还会选择加入煮熟的贻贝，以增添独特的风味。

烹饪小技巧

如何处理贻贝？

为了确保贻贝的食用安全，必须确保它们的新鲜度，从而避免食物中毒的风险。即使是当天捕捞的贻贝，也需要我们逐个仔细检查，排除那些贝壳张开、触碰时无反应或贝壳有裂缝的。之后，去掉贻贝的足丝，用清水冲洗干净，再进行烹饪。

如何烹饪贻贝？

贻贝最佳的烹饪方法是使用少量液体在高温下蒸煮，这样做不仅能使贻贝的壳自然张开，还能保持其肉质的鲜嫩口感。此外，贻贝刺身也是高档餐厅中备受推崇的佳肴，但切记必须保证贻贝的新鲜度，以防食物中毒。

如何给贻贝调味？

生贻贝或蒸熟的贻贝可以佐以白葡萄酒、柑橘或醋，其酸味能够显著提升贻贝的口感。贻贝还常常与红葱和新鲜香草搭配，增添风味。当然，也可以采用蘑菇、大蒜粉等更丰富的香料来烹饪贻贝。若想在菜肴中最大化贻贝的风味，可以去壳后在热煎锅里用橄榄油煎炒。

以下是与贻贝搭配的最佳食材，可以打造独特的地中海和黑海风味菜肴。

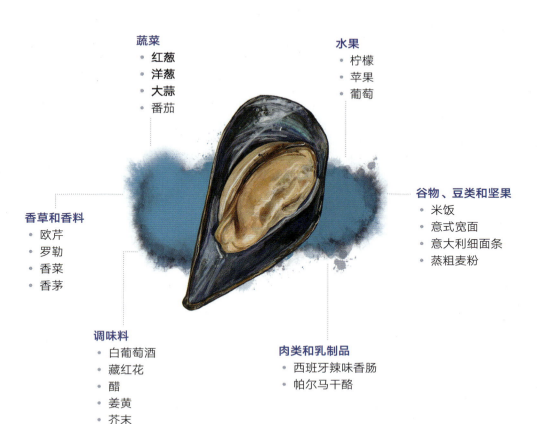

蔬菜
- **红葱**
- **洋葱**
- **大蒜**
- 番茄

水果
- 柠檬
- 苹果
- 葡萄

香草和香料
- 欧芹
- 罗勒
- 香菜
- 香茅

谷物、豆类和坚果
- 米饭
- 意式宽面
- 意大利细面条
- 蒸粗麦粉

调味料
- 白葡萄酒
- 藏红花
- 醋
- 姜黄
- 芥末
- 哈里萨辣椒酱

肉类和乳制品
- 西班牙辣味香肠
- 帕尔马干酪

迷迭香串烤贻贝
搭配石榴酱

类型：
前菜
份数：
4 人份
准备时间：
20 分钟
烹饪时间：
10 分钟

这道菜谱的灵感源自土耳其的贻贝串。首先，将贻贝与白葡萄酒和大蒜一同蒸煮，接着将蒸熟的贻贝串在迷迭香枝上，最后刷上一层风味浓郁的石榴橙汁酱。

所需厨具
- 砧板
- 牡蛎刀
- 大平底锅
- 搅拌机
- 细筛
- 炖锅
- 剪刀
- 刷子
- 烤盘

所需食材

蒸贻贝
- 500 克贻贝
- 1 个白洋葱
- 2 瓣大蒜
- 2 根迷迭香枝
- 1 杯白葡萄酒（按需选放）

石榴橙汁酱
- 2 个石榴
- 1 个橙子榨的汁
- 1 撮盐肤木香料
  （一种中东混合香料）
- 1 撮孜然粉
- 盐和胡椒

贻贝串
- 12 根迷迭香枝
- 4 撮扎阿塔尔香料
  （一种地中海香料）

制作步骤
· · · · · · · · · ·

蒸贻贝

将贻贝用冷水冲洗干净，并剔除破损的贻贝。随后，将洋葱和大蒜切碎，并在大平底锅中用橄榄油翻炒至香味飘出。接着，将贻贝、迷迭香枝和白葡萄酒（如有需要）加入锅中。盖上锅盖，小火慢炖约5分钟，直至贻贝贝壳自然张开。取出贻贝肉，放入冰箱冷藏保存。

石榴橙汁酱

将石榴切成两半，取出石榴粒。把橙汁和石榴粒放入搅拌机中打碎，随后用细筛过滤出纯净的石榴橙汁。将这份果汁倒入炖锅中，用小火慢慢炖煮，直至其变得浓稠如糖浆。最后，加入盐肤木香料、孜然、盐和胡椒粉进行调味。

贻贝串

将每根迷迭香枝修剪至10厘米长，并去除茎上2/3的叶子。接着，使用这些迷迭香枝作为串签，每根上串起6～8个贻贝，用刷子将石榴橙汁酱均匀地刷在贻贝上。将贻贝串放入预热至180℃的烤箱中，烤制5分钟。最后，撒上扎阿塔尔香料（zaatar）即可享用。

营养成分表

	每100克	每份配方
热量	283 千焦	3 397千焦
蛋白质	5.2克	62.1克
碳水化合物	6.9克	82.7克
纤维	1.2克	14.8克
糖	4.5克	54.1克
脂肪	1.2克	13.8克
饱和脂肪	0.3克	3.2克
钠	173毫克	2 079毫克

金头鲷

Sparus aurata

地中海和黑海地区生产的金头鲷

拉丁学名：*Sparus aurata*

科：鲷科

年均产量（2016—2020年）：
约227 900 吨

金头鲷产量排名前三的国家：
土耳其、希腊、埃及

海水养殖占比84%，微咸水养殖16%。

因其用途广泛、口味温和且有益健康，
深受该地区厨师的欢迎。

资料来源：联合国粮农组织渔业及水产养殖业司，2023。全球
水产养殖产量（1950—2020年）。fao.org/fishery/statistics-
query/en/aquaculture/aquaculture_quantity

数据基于地中海综合渔业委员会（GFCM）的促进地中海水产养
殖信息系统（SIPAM）。

金头鲷

Gilthead seabream

金头鲷（*Sparus aurata*）是鲷科中唯一在地中海和黑海地区实现大规模商业化养殖的品种。其名字"aurata"源于成鱼眼睛之间显著的闪亮金色额带。金头鲷普遍分布于整个地中海盆地，并偶尔在黑海水域出现（Pavlidis和Mylonas，2011）。金头鲷因其市场价格高、存活率高、良好的摄食习性，以及非常适合海洋网箱养殖和陆地循环水养殖系统，成为该地区养殖者的热门选择品种。

烹饪与营养价值

金头鲷是一种备受欢迎的鱼类，尤其在地中海和黑海地区，其因多样的烹饪用途而深受厨师喜爱。金头鲷大小适中，适合单人食用，肉质细腻，口感温和，无论是生吃、整鱼烧烤、煎炸还是清蒸，都能展现其独特风味。此外，金头鲷脂肪含量低且蛋白质含量高，是一种健康的食材，适合每周食用。

当地养殖情况

金头鲷在地中海地区得到了广泛的养殖，据粮农组织统计，2020年的地中海地区金头鲷产量约为265 900吨，其中土耳其、希腊和埃及是主要的生产国（粮农组织，2023）。过去，金头鲷的养殖利用了幼鱼向沿海潟湖的自然迁移过程，因此大范围的养殖活动得以实现（Seginer，2016）。然而，到了1981年，由于难以捕获足够的幼鱼来满足日益增长的市场需求，意大利的生产商开始尝试人工繁殖金头鲷，并取得了成功。随后，到了20世纪80年代末，西班牙、意大利和希腊开始大规模生产幼鱼（粮农组织，2022d）。如今，随着人类对养殖系统控制程度的不断提高，金头鲷的养殖方式也变得多样化，包括广泛养殖、半集约化养殖和集约化养殖。广泛养殖主要依赖鱼类的自然迁移，而半集约化养殖则需要在沿海潟湖播种预先培育好的幼鱼，或给该地区施肥。集约化养殖则是人类控制程度最高的方式，通常在陆地设施或海上养殖笼中饲养从孵化场获得的幼鱼。在地中海地区，海上养殖网箱的

集约化养殖尤为常见，尽管这种方式无法通过控制温度来延长生长期，但它是成本效益最高且操作简单的育肥方法（粮农组织，2022d）。在超市中，新鲜金头鲷的市场规格通常为350～400克，适合一人食用。

阿尔巴哈尔公司：
逆境铸就韧性，引领养殖产业新篇章

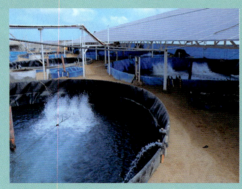

◎ 阿尔巴哈尔公司

◎ 阿尔巴哈尔公司

水产养殖业正在迅速崛起，已成为支撑加沙地区粮食安全的重要产业。得益于美国国际开发署（USAID）和阿拉伯重建管理局的资金援助，加沙地区的养殖场如阿尔巴哈尔公司（Al-Bahar）正在努力提高产品的产量和质量，以期逐步减少对进口的依赖。

阿布·亚赞（Abu Yazan）2015年与来自马哈茂德·阿哈吉之子（Mahmoud Al-Haj Sons）公司的同事们共同创立了阿尔巴哈尔公司。阿布·亚赞曾去往阿拉伯联合酋长国，受到该国在水产养殖领域的显著发展的影响，萌生了在加沙建立一个经济可行的养殖场的想法。鉴于金头鲷是该地区广受欢迎的海鲜品种之一，他们选择将其作为养殖场的主要饲养对象，同时兼营少量鲈鱼的生产。

在创立阿尔巴哈尔公司时，阿布·亚赞旨在为顾客提供一种独特的互动式体验，即从养殖场到餐桌的全

程参与。为此，他在养殖场旁开设了一家海边餐厅，提供午餐服务。如今，该养殖场的顾客经常受邀在用餐前漫步于养殖池边，亲自挑选心仪的鱼儿享用。

阿尔巴哈尔公司的产品备受餐馆食客、家庭厨师和加沙市场经销商们的青睐，这促使养殖场主在2017年启动了一项扩建项目。项目在原有的15个养殖池以南约100米的地方，新建了18个养殖池，这些养殖池由金属制成，覆盖有聚氯乙烯板材。到了2018年，养殖场还完成了自己的孵化场建设。

同时，加沙地区存在的诸多限制给阿尔巴哈尔公司带来了诸多挑战。该地区时常停电，对需要全天候为鱼类提供稳定含氧水的养殖场来说，这构成了严重困扰。尽管公司已经安装了三台发电机以应对此类紧急情况，

但高昂的运行成本和技术上的问题还是导致了几起大规模鱼类死亡事件。这些事件带来的财政压力，再加上昂贵的鱼饲料和在孵化场建成前购买饵料和鱼苗的费用，都给养殖场造成了沉重的经济负担。

2018年，美国国际开发署发起了一项倡议，为加沙农民提供独立于现有电网的可再生能源。这一举措极大地推动了阿尔巴哈尔公司向可持续水产养殖生产的转型。在美国国际开发署的资助下，养殖场成功安装了一套100千瓦的太阳能电池板系统。一年后，阿拉伯重建管理局又追加资助了一套100千瓦的太阳能系统。到了2022年，养殖场又增加了550千瓦的电力供应。这一系列举措使养殖场的年电费在短短四年内从5万美元大幅下降到1.1万美元。

© 阿尔巴哈尔公司

这些举措节省的资金使阿尔巴哈尔公司能够采用更多样化和创新的生产方法，从而生产更高质量的产品。之前，养殖场会在一个养殖池中同时饲养3万条进口的鱼苗。现在，他们改为在养殖池中放养10万条孵化场培育的鱼苗，并根据生长速度将成熟的幼鱼分到新的养殖池。通过这种方法，养殖员可以根据鱼的生长阶段更精确地调整每个养殖池的供热量，并最大限度地利用水资源，从而提高产量。阿尔巴哈尔公司自2018年起开始向约旦河西岸出售剩余鱼类，如今，75%的金头鲷都销往该地。

在阿布·亚赞和整个阿尔巴哈尔团队的辛勤努力下，拉希德街（Al-Rasheed Street）海滨大道的沙滩上呈现出一幅宁静而充满生机的画面：这里不仅有养殖场饲养的鲜美鱼类，还有儿童游乐场和两层楼高的海鲜餐厅。这一切都展现着人们的坚韧、自立与无限的创造力。

"金头鲷是土耳其消费量极大的鱼类之一，它常被用作三明治的馅料，例如烤鱼三明治就常搭配金头鲷、欧芹和切碎的洋葱。"

迪拉拉·西门（Dilara Cimen），法国保罗·博古斯酒店与厨艺学院烹饪专业学生

© 地中海综合渔业委员会／丹尼尔·吉莱特

"从一开始，我们的目标就是可持续地为当地市场供应大量鱼类。"

地区传统与特色食谱

　　金头鲷的烹饪方式丰富多样，既可以直接明火烤制，也可以放入香料汤中慢煮。古罗马食谱曾记载一种独特的烹饪方式，即将金头鲷用无花果叶包裹后，置于陶罐中烘烤。如今，在餐厅中，金头鲷常以生食形式供应，如配塔塔酱（蛋黄和腌洋葱等制成的酱料）食用或处理成生鱼片，佐以柑橘和新鲜香草，为食客带来独特的美味体验。

©地中海综合渔业委员会/
法比奥·玛萨

塞浦路斯/茴香酒烤金头鲷

　　这道菜在塞浦路斯被称为"zoukki"，是当地一道传统的金头鲷佳肴，其制作方式独特。首先，将鱼去鳞去内脏，随后塞入柠檬片、野生茴香、莳萝、迷迭香、牛至以及大蒜。接着，淋上橄榄油并撒上茴香烈酒调味。根据不同的食谱，人们会将处理好的金头鲷置于烤盘中，并加入土豆片、茴香或番茄一同烘烤，直至鱼肉熟透，鱼皮烤至酥脆。

©地中海综合渔业委员会/
克劳迪娅·阿米科

意大利/普利亚风情金头鲷

　　在意大利南部的普利亚地区，金头鲷通常与欧芹、大蒜、柠檬和白葡萄酒调味的土豆片层叠在一起烘烤。烤盘中先铺上一层切碎的土豆，并撒上欧芹碎、大蒜和磨碎的佩科里诺干酪进行调味。接着，将金头鲷放置在土豆片上，再覆盖一层同样调味过的土豆片。随后，淋上橄榄油，将整个烤盘放入预热好的烤箱中烘烤，直至土豆完全熟透。这种做法用土豆片覆盖金头鲷，能够有效防止鱼肉因过度烹饪而变干，确保鱼肉保持鲜嫩多汁的口感。

©地中海综合渔业委员会/
森济娅娜·德米安

土耳其/烤金头鲷

在土耳其的传统食谱中，金头鲷通常先去内脏和鳞，随后在鱼皮上轻轻划几刀，防止烹饪时鱼皮破裂。接着，将大蒜、黑胡椒、盐和橄榄油放入研钵中捣碎，混合成调料，用刷子均匀地涂抹在金头鲷的全身。之后，将金头鲷置于明火上烤制，直至鱼皮呈现诱人的金黄色。烤鱼时，可使用烤钳轻轻翻动，避免鱼皮粘连在烤架上。最后，烤好的金头鲷可搭配沙拉或烤蔬菜一同享用。

烹饪小技巧

如何处理金头鲷？

若计划生食金头鲷，务必先去鳞去鳍，防止鱼鳞和鱼鳍混入鱼肉。去鳍时，建议沿鱼体边缘用剪刀剪除。生鱼片应在数小时内食用完，剩余需冷藏保存。

如何烹饪金头鲷？

金头鲷肉质细腻、洁白，非常适合单人享用。烧烤、煎炸或烘烤是烹饪它的绝佳选择，再搭配美味的酱汁，更是美味无穷。由于金头鲷的肉质易碎，更适合短时间高温烹饪，而非长时间的水煮或炖煮。

如何给金头鲷调味？

金头鲷肉质温和，能与芳香草本植物和柑橘类水果完美搭配。生食时，与石榴、葡萄柚和新鲜番茄等酸爽清新的食材相佐，口感绝佳。若选择烧烤或煎炸，不妨用蘑菇和藏红花等香气浓郁的食材为鱼肉增添风味。

以下是搭配金头鲷的最佳食材，可以做出独特的地中海和黑海风味菜肴。

蔬菜
- 茴香
- 大蒜
- 番茄
- 芦笋
- 芹菜
- 红灯笼椒
- 西葫芦

水果
- 柠檬
- 石榴
- 葡萄柚
- 覆盆子

香草和香料
- 欧芹
- 香菜
- 迷迭香
- 罗勒

调味料
- 辣椒粉
- 茴香籽
- 芫荽子
- 刺山柑
- 芝麻籽
- 藏红花
- 姜黄

肉类和乳制品
- 新鲜山羊奶酪
- 菲达奶酪

谷物、豆类和坚果
- 杜兰小麦粉
- 大米
- 意大利面
- 意大利白腰豆
- 玉米糊

烤金头鲷搭配鲜橙茴香刺山柑

类型：
主菜
份数：
4 人份
准备时间：
20 分钟
烹饪时间：
15 分钟

受地中海传统明火或木炭烤鱼方法的启发，这道菜详细展示了在烧烤架上如何填馅并烤制金头鲷。茴香的加入为鱼肉带来了独特的风味，而橙子则增添了一抹细腻的柑橘香气，使整道菜品更加美味。

所需厨具
- 砧板
- 不粘锅
- 搅拌碗
- 烤盘
- 防油纸
- 剪刀
- 鱼骨镊
- 炖锅
- 搅拌机
- 盘子

所需食材

柑橘蒜香酱
- 3 汤匙特级初榨橄榄油
- 2 个有机橙子的果皮和果汁
- 1 杯白葡萄酒（按需选放）
- 1 瓣蒜
- 1 汤匙蜂蜜
- 盐和胡椒

杏仁刺山柑顶料
- 半罐刺山柑
- 1 把杏仁片

烤金头鲷
- 4 条金头鲷
- 1 汤匙特级初榨橄榄油
- 1 个球茎茴香
- 2 个有机橙子
- 细盐

制作步骤
· · · · · · · · · ·

柑橘蒜香酱

　　大蒜去皮并切碎。在炖锅中倒入橙汁、橙皮、剁碎的大蒜、橄榄油、适量的白葡萄酒（按需选放）以及蜂蜜。小火慢煮约5分钟，其间不断搅拌使各种食材充分融合。最后，加入适量的盐和胡椒粉进行调味。

杏仁刺山柑顶料

　　将杏仁放入预热至180度的烤箱中，烘烤5分钟。接着，取一个小锅，大火快炒刺山柑，直至其变得酥脆。

烤金头鲷

　　金头鲷去鳞、去鳍和去鳃，并用冷水冲洗干净。接着，在鱼皮上轻轻划几道浅口，防止烹饪过程中鱼皮收缩卷曲。之后，将橙子切成薄片，球茎茴香切成细丝，一同塞入金头鲷的鱼腹内，并用细盐均匀调味。最后，将金头鲷放置在烤架上，每面烤制2分钟，直至鱼皮变得金黄酥脆。

摆盘

　　将每条金头鲷放在盘子的中央。撒上杏仁片和炸刺山柑，然后再配上柑橘蒜香酱。

营养成分表

	每100克	每份配方
热量	481千焦	10 159千焦
蛋白质	12.4克	262克
碳水化合物	2.3克	48.1克
纤维	0.6克	11.5克
糖	1.7克	36.2克
脂肪	5.8克	121.0克
饱和脂肪	1.0克	21.2克
钠	96.2毫克	2 029毫克

鲻鱼

Mugil cephalus

~~~~~~~~~~

地中海和黑海地区生产的鲻鱼

拉丁学名：*Mugil cephalus*

科：鲻科

年均产量（2016—2020年）：
约320 900 吨

鲻鱼产量排名前三的国家：
埃及、以色列、意大利

淡水养殖占比78%，微咸水养殖22%。

鲻鱼既经济实惠又营养丰富，是日常烹饪和节日庆典的绝佳选择。

资料来源：联合国粮农组织渔业及水产养殖业司，2023。全球水产养殖产量（1950—2020年）。fao.org/fishery/statistics-query/en/aquaculture/aquaculture_quantity

数据基于地中海综合渔业委员会（GFCM）的促进地中海水产养殖信息系统（SIPAM）。

鲻鱼

Flathead grey mullet

鲻鱼（*Mugil cephalus*）以其出色的耐寒性、简单的饮食习惯和快速的生长速度而闻名，几个世纪以来一直是地中海和黑海地区重要的养殖和捕捞对象。这种鱼类能够适应不同盐度的水域，常活跃在沿海水域，同时也能游弋至河口、河流和港口。其肉质鲜美，自古埃及时代以来就受到人们的喜爱。而鲻鱼的鱼子（被称为"bottarga"或"poutarque"）更是自古罗马时代以来就被视为美味佳肴，如今在全球市场上也备受青睐。

烹饪与营养价值

鲻鱼肉质坚实，色泽微灰，富含蛋白质、脂肪酸及维生素B_6，适合多种烹饪方式，如煎、炸、烤乃至熏制。这种鱼价格亲民，用途广泛，无论是日常饮食还是节日盛宴，都是理想的食材。值得一提的是，鲻鱼的鱼子还是制作地中海美食"腌鱼子"（bottarga）的重要原料。在意大利、法国、埃及和土耳其等国家，人们常将其与吐司搭配食用，或作为精致菜肴的点睛之笔。

当地养殖情况

地中海地区鲻鱼的养殖历史可追溯至数世纪前，而黑海地区的养殖则始于1930年（Saleh，2008；Saleh和Salem，2005）。现在，鲻鱼的养殖已扩展至全球多个地区。

鲻鱼的养殖过程有其独特之处。许多鱼类养殖通常始于培育幼鱼（鱼苗），但鲻鱼的养殖则多从野生环境中收集鱼苗，主要在幼鱼迁徙至近海水域和河口时进行。收集后，鱼苗需逐渐适应水产养殖系统的盐度环境，若无法适应，两周内可能面临100%的死亡率。随后，鱼苗被放入土池中养殖4～6个月，直至长到约10克大小（粮农组织，2022e）。之后，这些幼鱼会被继续人工养殖，直至达到商业捕捞要求的重量。鲻鱼常采用多品种养殖系统，即与其他鱼类如鲤鱼、银鲤鱼和罗非鱼共同放养在池塘中（Saleh，2008）。整个养殖周期大约需要7～8个月，此时鱼体重可达0.75～1千克。根据市场需求，可能需要再养殖一个周期，直到体重增至1.5～1.75千克（粮农组织，2022e）。在池塘或网箱中，养殖者可根据市场需求每日进行捕捞（粮农组织，2022e）。此外，鲻鱼也是古代围堰养殖实践的绝佳选择。这种养殖技术利用鱼类的迁徙习性，防止它们返回海洋，将其留在潟湖或半咸水环境中。

穆罕默德·苏伊：
可持续发展与质量保证并行不悖

◎ 地中海综合渔业委员会/萨比·多雷

在突尼斯沿岸，距离利比亚边境10千米远的地方，有一条狭长的沙洲。沙洲的一侧紧挨着地中海，另一侧则是生态丰富的埃尔比班潟湖（El Bibane Lagoon）。埃尔比班潟湖长达33千米，是突尼斯的第二大潟湖，位于地中海最大的盆地之中，占地面积达25 000公顷。因其独特的生态系统和丰富的动植物种类，埃尔比班潟湖被誉为世界重要的湿地之一，并被列入拉姆萨尔湿地保护名单（the Ramsar list）。

埃尔比班潟湖地区有显著的社会和经济价值。数世纪以来，这里的渔民和农民和谐共处，共同为自身、家人和社区提供健康优质的水产品和粮食。穆罕默德·苏伊（Mohamed Souei）就是其中的一员。

苏伊是埃尔比班潟湖及其资源的最新守护者。他热爱水产养殖事业，并对环境怀有敬畏之心。正是这份热爱与责任感，促使他在2006年转行，全身心投入水产养殖事业。他的梦想是创立一家集可持续性与品质于一体的企业，打造出顶尖的水产品。为实现这一梦想，苏伊在突尼斯本加尔丹（Ben Guerdene，位于埃尔比班潟湖西侧）的一个密集型近海养殖场开始了鲈鱼和鲷鱼的笼养工作。之后，他将业务重心移至埃尔比班潟湖，带领一个由38人组成的团队，与当地的其他利益相关者携手合作，共同守护埃尔比班潟湖。

苏伊在进行大规模养殖时，始终将环境影响最小化放在首位，他选择使用天然饲料和传统技术。他的主要研究对象是鲻鱼，这是一种鲻科鲻属的鱼类，它在适宜的水流和盐度环境

© 地中海综合渔业委员会/哈迪·舒沙纳

"我们在经营业务时，始终秉持尊重环境、确保最终产品质量的理念。"

© 地中海综合渔业委员会/萨比·多雷

下，展现出了强大的繁殖和生长能力，因此成了潟湖捕获量最大的鱼类。

埃尔比班潟湖的养殖期始于秋冬季，这时鱼种开始自然繁殖。苏伊从潟湖中捕捞鲻鱼，这是为数不多的干预其自然生命周期的情况之一。在捕捞鲻鱼时，他采用了一种叫做箔旋（bordigue）的特殊捕获系统。这种系

统起源于14世纪，是突尼斯及广大地中海地区所采用的最古老的水产养殖技术之一。苏伊的箔旋系统包含一个长达3.6千米的固定屏障，以及39个被称为"捕鱼房"的捕获室——屏障的3个部分各有5个捕获室，8个部分各有3个捕获室。当小鱼迁徙进入潟湖时，苏伊会让它们自然生长，在有需求时进行捕鱼。通过运用自然方法和传统的箔旋捕鱼系统，他成功保持了鱼的新鲜度和高品质，同时确保了全年大约300天的稳定生产。

苏伊与政府、研究员和渔民紧密合作，致力于保持潟湖生态系统的平衡与良好运行。他严格遵循各项规定，不在禁渔区捕鱼，并在驾驶划艇时尽量减少活动对环境的不良影响。

2022年，他在潟湖地区发起一项新的倡议：推广捕获后释放的钓鱼方式，呼吁热爱运动的钓客在享受钓鱼乐趣的同时，保护生物多样性。此举不仅为当地居民提供了新的就业机会，特别是那些以烹饪旅游餐食为生的女性，还促进了当地经济的发展。

苏伊解释道，无论未来面临何种挑战、环境如何变迁，哪怕是在新冠疫情最严重的时期，当地产量锐减、农民收入缩减，他都将持续致力于生产受消费者欢迎的高品质产品，并坚守对环境的尊重与保护。

©地中海综合渔业委员会/丹尼尔·吉莱特

"鱼类，特别是鲻鱼，在以色列饮食文化中占据着核心地位。这种鱼常被用来烹制一道地道的以色列炖鱼——chraime，这道菜以辣椒和香菜籽调味，在犹太新年时尤为受欢迎。人们常搭配面包，享用一盘以橄榄油、哈里萨辣酱、干葛缕子籽和孜然精心炖制的鲻鱼。"

多尔·加利（Dor Gali），法国保罗·博古斯酒店与厨艺学院烹饪专业学生

地区传统与特色食谱

　　自古以来，鲻鱼的鱼子便深受人们喜爱，是地中海传统美食的支柱。历史上，人们常用冷熏法处理这种鱼的鱼片，便于保存和提升其独特的口感。与近年来声名狼藉的劣质"港口鱼"（harbour fish）相比，养殖场养殖的鲻鱼味道温和鲜美，适合煎炸或腌制。

埃及/臭咸鱼

　　这款特色美食是埃及春季闻风节（Sham Ennessim）期间的佳肴，使用鲻鱼腌制、发酵、晒干后精心制作而成。然而，若制作过程中操作不当，发酵可能产生致命毒素。因此，建议在专门的商店购买臭咸鱼，并用密封玻璃瓶妥善保存。食用时与切碎的洋葱、柠檬片和埃及扁面包（ayesh baladi）搭配味道更佳。

©地中海综合渔业委员会/
多米尼克·布尔德内

意大利/腌鱼子

　　这款来自撒丁岛的地中海美食，精选鲻鱼子制成，经盐腌制、压干后，覆盖一层精致的蜡，以长久保持其鲜美口感。腌鱼子可切片置于温热吐司之上，或磨碎后撒在意大利面上食用。其深沉而复杂的香气，将原本简单的菜肴升华成一场味蕾的盛宴。

©地中海综合渔业委员会/
保罗·德多诺

西班牙/蒜香盐鲻

这道源自西班牙梅诺海（the Menor Sea）的美食，以去鳞去内脏的鲻鱼为主料精心烹制。制作时，先将粗盐均匀地撒在鱼身上，然后放入预热好的烤箱中烘烤。盐皮不仅能锁住鲻鱼的水分，更能让鱼肉口感鲜美。这道菜常用由传统西班牙蛋黄酱和大蒜调制的特色酱料调味，某些版本还会加入切碎的欧芹或香菜。

ⓒ地中海综合渔业委员会/
克劳迪娅·阿米科

烹饪小技巧

如何处理鲻鱼？

为了确保鲻鱼肉在烹饪时保持湿润，首先准备一升冰水，并加入50克粗盐，轻轻搅拌直至盐完全溶解。接着，将鱼片放入盐水中，然后将其放入冰箱浸泡约20分钟。最后，用冷水冲洗鱼片，并用干净的毛巾轻轻拭去多余水分。

如何烹饪鲻鱼？

鲻鱼体型小巧，非常适合整鱼食用，煎、烤、油炸都很美味。烹饪前要去掉鱼鳃和内脏，以免它们给鱼肉增添苦味。一个绝佳的烹饪方法是：先去掉鱼头，剖开鱼肚底部并剔除鱼骨，将鲻鱼摊平。接着，将鱼片裹上面包糠，两面煎炸至金黄酥脆。

如何给鲻鱼调味？

鲻鱼价格亲民，烹饪方式丰富多样，简单搭配柠檬汁或辣酱烤制就能展现出其美味。相较于价格高昂的海鲈或多宝鱼等鱼类，鲻鱼无疑是更理想的食材。你还可以尝试一些不常见的食材搭配，比如将鲻鱼与龙蒿、橘子和橄榄油制成的乳化酱汁相结合，定能带来别样的味觉享受。

下面是搭配鲻鱼的最佳食材，可以做出独特的地中海和黑海风味菜肴。

蔬菜
- 大蒜
- 黄瓜
- 番茄
- 红灯笼椒
- 西葫芦
- 茴香

水果
- 柠檬
- 石榴
- 橙子
- 甜瓜

香草和香料
- 香菜
- 欧芹
- 细香葱
- 百里香

调味料
- 孜然
- 罂粟籽
- 海蓬子
- 生姜

肉类和乳制品
- 腌鱼子
- 奶油

谷物、豆类和坚果
- 小米
- 鹰嘴豆
- 杜兰小麦粉
- 玉米

鲻鱼裹玉米糊搭配龙嵩蒜泥蛋黄酱

类型：
主菜
份数：
4 人份
准备时间：
20 分钟
烹饪时间：
30 分钟

所需厨具

- 压蒜器
- 搅拌机
- 砧板
- 烤盘
- 防油纸
- 剪刀
- 鱼骨镊
- 浅盘
- 不粘锅
- 搅拌碗

　　这道菜展现了烹饪鲻鱼等圆形鱼类的独特技巧，包括如何将鱼切开、摊平、裹粉，并使用平底锅进行煎制。用玉米糊替代面包糠，赋予菜肴浓郁的斯洛文尼亚（位于欧洲中南部，西邻意大利）风情。此外，搭配蜜饯圣女果和龙嵩蒜泥蛋黄酱一同享用，更能增添风味。

所需食材

龙嵩蒜泥蛋黄酱

- 2 瓣蒜瓣
- 1 个蛋黄
- 半束龙嵩
- 1/4 束欧芹
- 半个柠檬的汁液
- 4 汤匙特级初榨橄榄油
- 盐和胡椒

蜜饯圣女果

- 1 把黄色圣女果
- 1 汤匙特级初榨橄榄油
- 1 撮细盐
- 2 撮白糖
- 1 枝新鲜百里香
- 2 瓣大蒜

面包鲻鱼

- 1 条鲻鱼
- 盐和胡椒
- 半汤匙牛至
- 150 克中筋面粉（T55 型）
- 2 个鸡蛋
- 150 克玉米糊
- 5 汤匙特级初榨橄榄油

制作步骤
· · · · · · · · · ·

龙蒿蒜泥蛋黄酱

　　大蒜去皮，压成泥，加入蛋黄、龙蒿、欧芹和柠檬汁搅拌至顺滑。接着倒入橄榄油，持续搅拌直至形成乳化状态。加入盐和胡椒粉调味。

蜜饯圣女果

　　圣女果洗净，对半切开。放在铺好油纸的烤盘上，洒上橄榄油、盐和糖。在上面放上百里香和蒜瓣，放入提前预热到160℃的烤箱中烤20分钟。

面包鲻鱼

　　用水冲洗鲻鱼，去掉鳞片、鳃和鳍。去掉鱼腹部的刺，保持鱼片背部相连，打开呈蝴蝶状。去除鱼片上的鱼刺，加入盐、胡椒粉和牛至调味。另取三个浅盘，分别盛放面粉、鸡蛋液和玉米糊。接下来依次给鱼裹上面粉、鸡蛋液、玉米糊。开中火，将裹好粉的鱼放入橄榄油煎6分钟，直至两面金黄。

摆盘

　　将鱼放置在盘子中央，在其上方覆盖上一层圣女果蜜饯和龙蒿蒜泥蛋黄酱。

营养成分表

	每100克	每份配方
热量	283千焦	3 397千焦
蛋白质	5.2克	62.1克
碳水化合物	6.9克	82.7克
纤维	1.2克	14.8克
糖	4.5克	54.1克
脂肪	1.2克	13.8克
饱和脂肪	0.3克	3.2克
钠	173毫克	2 079毫克

球海胆

Paracentrotus lividus

地中海和黑海生产的海胆

拉丁学名：*Paracentrotus lividus*

科：拟海胆科

年均产量（2016—2020年）：
该地区海胆尚未实现商业生产。

通过**水池**、**网笼**和**网箱**养殖。

由于消费者对海胆的青睐，该地区的
海胆养殖得到了极大的推动。

资料来源：联合国粮农组织渔业及水产养殖业司，2023。全球
水产养殖产量（1950—2020年）。fao.org/fishery/statistics-
query/en/aquaculture/aquaculture_quantity

数据基于地中海综合渔业委员会（GFCM）的促进地中海水产
养殖信息系统（SIPAM）。

球海胆

Stony sea urchin

　　尽管海胆（*Paracentrotus lividus*）在地中海地区已有数千年的存在历史，但其商业化养殖和生产却尚未实现。这种多刺的圆形棘皮动物，被视为该地区最重要食草动物之一，它既是环境健康的晴雨表，也是控制藻类过度生长的有效手段。随着消费者对海胆的喜爱日益增加，该地区的生产商纷纷投入创新浪潮，致力于海胆养殖技术的研发。未来，地中海市场将迎来海胆养殖的宝贵机遇。

烹饪与营养价值

海胆以其独特的风味成为地中海美食的标志性食材。在特殊场合或高档餐厅中，人们常常能品尝到它的美味。海胆口感丰富，带有独特的碘味，同时又有干果和榛子的香气。更重要的是，它富含蛋白质和矿物质，而脂肪含量相对较低。海胆的生殖腺，俗称海胆黄，既可生吃，也可与鸡蛋搭配食用，还能加到意大利肉汁烩饭和新鲜的意大利面中，为菜肴增添独特风味。

当地养殖情况

尽管球海胆在整个地中海地区广泛分布（Boudouresque 和 Verlaque，2007），但其商业化养殖尚未实现。与此同时，其他国家已经养殖其他海胆品种几十年之久。全球最大的海胆产区是日本和中国，其中日本自1968年便开始养殖海胆，而中国则从21世纪初开始（Liu 和 Chang，2015）。

海胆的生产过程因国家而异。目前正在进行的研究尤为关键，研究旨在推动海胆生产的商业化进程和完善海胆库存储备体系。一般而言，海胆养殖围绕着在陆地孵化场进行产卵、饲养，以及性腺增殖等环节。许多国家采用诱导技术使成年海胆产卵，产出的幼体主要以藻类为食，直至长到适当大小。此生长过程耗时较长，通常需2.5～4年，多在水箱、网箱或网篮中进行（McBride，2005；Brundu等，2020）。养殖的海胆不仅可供应市场售卖，还有助于野生种群数量的增长。随着研究的深入，有望发现新的养殖方法，特别是适应地中海和黑海水域特点的养殖技术。

挪威海胆经济公司：
荒芜变瑰宝

想必你已耳闻经济学、基因组学、里根经济学与弗雷科经济学，今天，让我们一同了解一下"海胆经济学（Urchinomics）"的奥秘！ 2021年，挪威海胆经济公司成功打造了全球首个也是唯一运营的陆上商业海胆牧场。其地点位于日本大分，如今业务已拓展至挪威、加拿大、美国，以及地中海地区。这些区域正积极建设更多商业牧场，同时科研人员也在深入探索饲料选择、养殖技术等产业核心领域。值得一提的是，挪威海胆经济公司的现有设施及规划中的设施均选址于海藻林资源匮乏的"海胆荒地"，因为海胆牧场运营与生态海藻林恢复是密切相关的。

"我们的目标是修复海洋生态系统，解决海胆过度繁殖的问题，并将其转化为高品质的海洋产品。"

© 挪威海胆经济公司

© 挪威海胆经济公司

© 地中海综合渔业委员会/丹尼尔·吉莱特

"在西班牙的马拉加（Málaga），我们几乎每天都吃海鲜，通常会作为午餐的小菜。海胆的常见做法是将海胆汁、香槟和蛋黄混合搅拌制成贝夏梅尔酱（Béchamel Sauce），接着加入海胆籽，最后将混合物放入烤箱中烤制。"

奥雷里奥·阿莱西（Aurelio Alessi），法国保罗·博古斯酒店与厨艺学院烹饪专业学生

挪威海胆经济公司的创始人兼首席执行官布莱恩·塔克达（Brian Takeda）指出："一些区域在过度捕捞、气候变化以及污染等多重因素影响下，海胆数量急剧上升，使原本繁茂的海藻林、海藻床及海藻草地遭受严重破坏，变成了一片片荒芜之地，如同海底的沙漠。"过去十年，随着海洋温度的升高，海胆的天敌逐渐减少甚至灭绝，这使海胆，尤其是球海胆，获得了极为有利的生存环境，开始大量繁殖，将原本茂密的海藻森林啃食殆尽。海底遍布着饥饿的海胆。

这些饥饿的海胆一旦吃光周围的所有海藻，便几乎没有其他食物能够养活它们庞大的种群了。海胆体内珍贵的生殖腺，俗称海胆黄，是一道珍稀美食，其名声早已从日本传遍全球。然而，饥饿会导致海胆黄缩小甚至完全消失，进而严重影响海胆的经济价值，使消费者因担忧质量而减少购买。挪威海胆经济公司致力于扭转这一局面，通过经济激励措施鼓励

渔民和潜水员重回那些曾经繁茂的水域，寻找健康且价值不菲的海胆，以助力荒地清理。尽管营养不良的海胆在捕捞后几乎毫无价值，但挪威海胆经济公司的特别之处在于，他们会将这些海胆送往公司的陆上循环水产养殖场，通过喂养特制的配方饲料使其恢复健康。在6～12周的精心照料下，这些海胆将重新产出优质的海胆黄。

巴塞罗那周边地区球海胆数量呈现爆炸性增长。鉴于此，地中海综合渔业委员会积极寻求与挪威海胆经济公司的合作，并在西班牙共同开展了实地研究。研究结果显示，挪威海胆经济公司的技术有望将这些具有破坏性的海胆转化为优质海产品。

在荒地中寻找海胆是一项灵活的工作，渔民和潜水员可以兼职或全职参与。有海胆黄的海胆较为罕见，而空海胆则较为普遍，且它们往往离海岸较近。由于陆上养殖场能够为海胆提供恢复健康的环境和照料，因此渔

民可随时收获海胆，无需再严格遵循其自然生长周期，等待海胆产量最高时再进行收获。

　　然而，部分地中海地区却面临着一个截然相反的问题：海胆资源稀缺。以意大利那不勒斯湾（Gulf of Naples）的普罗奇达（Procida）火山岛沿岸为例，当地依然坚持实施自然控制措施，以防球海胆过度繁殖，但为了满足消费者的需求，该地区的球海胆几乎被捕捞殆尽。值得注意的是，球海胆是该地区古老食物链中的重要食草动物，其健康状况是衡量环境质量的重要指标。为了重建球海胆种群，该地区通过人工培育海胆至成熟，并将它们重新放养到野外。

　　海胆的养殖过程相对简单。由于球海胆在食物链中处于较低位置，其营养需求并不高，因此挪威海胆经济公司选择在浅水道（一种人造的狭窄通道，仅需少量海水和能量即可将水加热或冷却至最适宜状态）中饲养它

们，并为它们提供所需营养。饲料是它们最喜欢的海藻。这种海藻由人类食用的海藻的边角料制成，可不断生产，这样一来也减少了食物浪费。

　　事实证明，在清除海胆后的3～6个月内，海藻群落能够迅速恢复生机。鉴于海胆黄作为地中海美食的配料日益受到欢迎，一个高品质的海胆经济市场肯定会持续发展下去。挪威海胆经济公司将生态问题转化为珍贵的海胆美食，同时配合当地养殖场通过养殖补充枯竭种群，以缓解海胆市场对生态系统的负面影响，维护全球海藻和海洋生态健康。

　　这些行动，不论是在海胆数量过多地区清除海胆、提高海胆质量，还是在海胆枯竭的地区养殖和放养海胆，都被称为恢复性水产养殖，这种养殖方式对生态系统有积极影响。因此，促进此类恢复性水产养殖行动已被列入《GFCM2030战略》中。

© 挪威海胆经济公司

地区传统与特色食谱

　　自古以来，地中海的海胆便是人们餐桌上不可或缺的美味佳肴。它风味独特，深受餐馆食客们的喜爱。新鲜的海胆黄，从壳中取出时触感细腻柔滑，烹煮后则会逐渐溶解。海胆黄既可以生食，搭配柠檬汁放在吐司上，也可以融入酱汁或汤中，为食物增添一份独特的香气。

©地中海综合渔业委员会/
多米尼克·布尔德内

法国/法式海胆黄炒蛋

　　传统法式菜肴在鸡蛋烹饪上享有盛誉，其中海胆黄炒蛋更是其美味与匠心并存的代表之作。制作时，先轻轻打开海胆壳，过滤出纯净的海胆汁，再将鸡蛋敲开，与海胆汁融合以增添独特风味。接着，在平底锅中用黄油炒制鸡蛋，加入一勺酸味奶油以保持其嫩滑口感，防止过熟变干。最后，清洗海胆壳作为容器，盛放炒好的鸡蛋，并在其上点缀海胆黄和新鲜莳萝作为装饰。这道菜不仅适合作为早餐享用，也能成为精致晚宴上的开胃佳肴，令人回味无穷。

希腊/海胆鱼子酱泥

　　鱼子酱泥（taramosalata or taramasalata）的传统配方包含白鱼、橄榄油、柠檬汁、洋葱碎和面包。其中白鱼可以替换为海胆。在某些特殊场合，这道菜是梅泽拼盘（meze platter）中的一部分。制作时，选用陈面包或三明治面包，并制作成面包屑，以增添菜品的口感层次。将面包屑浸水后取出，控干多余水份后，与所有材料混合搅拌至顺滑细腻。这道鱼子酱泥既可以涂抹在烤吐司上食用，也可作为蔬菜条的蘸料，非常适合作为开胃菜享用。

©地中海综合渔业委员会/
克劳迪娅·阿米科

©粮农组织/保拉·奥尔托拉尼

意大利/海胆意面

这款源自西西里港口城市巴勒莫（Palermo）的特色面食，是地中海的美食之一。首先，将海胆去壳取黄备用。接着，在水中加盐并煮沸，将意大利面放入锅中煮熟。同时，在不粘锅中加入橄榄油，翻炒大蒜和红葱，随后倒入白葡萄酒，持续翻炒直至锅中的液体减半。最后，将软硬适中的意大利面与海胆黄一同加入锅中，搅拌均匀，佐以蒜末一同享用。

烹饪小技巧

如何处理海胆？

在处理海胆时，请务必佩戴厚皮手套以保护双手。首先，用剪刀小心剪除尖刺，然后在口周剪掉较软的外壳部分，同时避免刺破里面的橙色海胆黄。接下来，倒掉海胆壳内的液体，并去除内脏。之后，用勺子轻轻地将海胆黄从壳上分离出来。最后，用冷水冲洗外壳，并使用干净的毛巾擦干残留的水。

如何烹饪海胆？

海胆黄非常珍贵，如果制作不当，品质极易受损。将新鲜的海胆黄置于温热的吐司上，佐以柠檬汁食用，就十分美味了。如需将其融入菜肴，建议在制作的最后阶段添加并减少盐分，因海胆黄自带浓郁咸香。

如何给海胆调味？

海胆黄香气独特、浓郁，烹饪时无需额外的调料就鲜美无比了。其浓郁的碘香，可以将炒蛋或意大利面等简单菜肴提升一个档次。若想提升风味，还可以过滤壳内的液体，将其制做成酱汁或肉汤。

以下是与海胆搭配的最佳食材，可制作出独特的地中海和黑海风味菜肴。

蔬菜
- 洋蓟
- 花椰菜
- 红葱
- 黄瓜
- 芦笋
- 蒜叶婆罗门参

水果
- 苹果
- 葡萄
- 梨
- 柠檬

香草和香料
- 香芹
- 豆瓣菜
- 香菜

调味料
- 黑胡椒
- 芥末
- 藏红花
- 姜黄根粉

肉类和乳制品
- 奶油
- 布拉塔奶酪
- 意式火腿

谷物、豆类和坚果
- 大米
- 榛子
- 核桃仁

海胆烩饭搭配
鸡油菌和橘汁

类型：
主菜
份数：
4 人份
准备时间：
15 分钟
烹饪时间：
25 分钟

这道菜是传统意大利烩饭的海鲜版，它融合了海胆汁的碘香味、鸡油菌的泥土香以及柑橘的细腻清香。上面通常会淋上海胆黄和新鲜的葱碎。

所需厨具
- 炖锅
- 细筛
- 剪刀
- 砧板
- 细丝刨丝器

所需食材

香草和香料
- 1 升水
- 3 根百里香茎
- 一撮绿茴香籽
- 2 片月桂叶
- 2 瓣大蒜

海胆
- 4 只海胆

意式海胆烩饭
- 2 颗红葱
- 350 克意大利烩饭用米
- 1 杯白葡萄酒（选用）
- 2 杯有机橘汁
- 100 克鸡油菌
- 80 克无盐黄油
- 50 克帕尔马干酪
- 1 把香葱
- 盐和胡椒

制作步骤
∙∙∙∙∙∙∙∙∙∙

香草和香料

在炖锅中加入水、百里香、茴香籽、月桂叶和蒜瓣，炖煮10分钟。之后使用细筛过滤掉这些原料。

海胆

用剪刀剪开海胆壳，然后用勺子轻柔地取出海胆黄，用冷水轻轻冲洗干净。之后，将海胆汁用细筛过滤，保留下来作为意大利烩饭的调味料之一。

意大利海胆烩饭

红葱去皮切碎备用，鸡油菌在冷水中洗净。炖锅中倒入橄榄油，油热后放入红葱和鸡油菌翻炒出香味。随后，将米饭加入锅中，转小火翻炒至米粒半透明。此时，可以加入适量白葡萄酒、橘子汁和海胆汁调味。继续用小火翻炒，并分次加入香味浓郁的高汤。当米饭变得软糯时，将帕尔马干酪与黄油一起拌入意大利烩饭中。最后加入盐和胡椒粉调味。

摆盘

用浅盘盛放意大利烩饭，表面铺上海胆黄和香葱。

营养成分表

	每100克	每份配方
热量	311千焦	9 895千焦
蛋白质	2.2克	57.1克
碳水化合物	11.7克	305.0克
纤维	0.6克	15.4克
糖	0.8克	21.9克
脂肪	3.4克	88.7克
饱和脂肪	2.1克	54.9克
钠	30毫克	790毫克

© 地中海综合渔业委员会/尼古拉斯·维利翁

海藻
（江蓠和石莼）

Gracilaria spp. and *Ulva* spp.

地中海和黑海地区生产的海藻

拉丁学名：*Gracilaria* spp.

科：江蓠科

年均产量（2016—2020年）：**约1吨**

龙须菜产量排名前三的国家：
摩洛哥、突尼斯、西班牙

拉丁学名：*Ulva* spp.

科：石莼科

年均产量（2016—2020年）：**约1吨**

石莼产量排名第一的国家：**西班牙**

吊绳养殖和网箱养殖均可，但必须保证是海水养殖。

因其用途多样、口感温和且对健康有益，这种食材在该地区深受厨师们的喜爱。

资料来源：联合国粮农组织渔业及水产养殖业司，2023。全球水产养殖产量（1950—2020年）。fao.org/fishery/statistics-query/en/aquaculture/aquaculture_quantity

数据基于地中海综合渔业委员会（GFCM）的促进地中海水产养殖信息系统（SIPAM）。

海藻

Seaweed

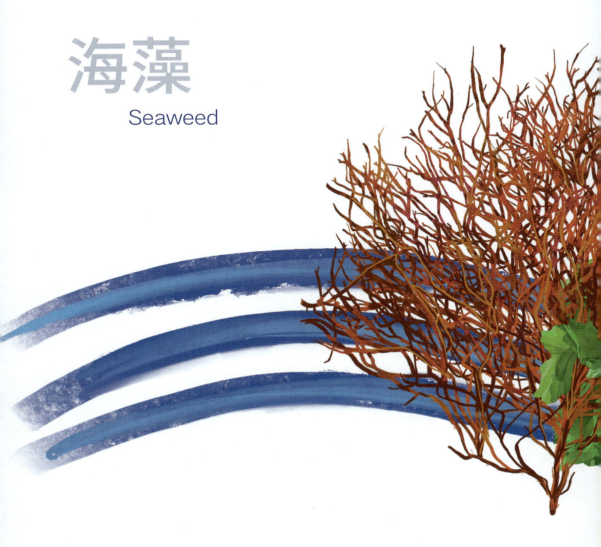

　　海藻通常指的是各种大型海洋藻类，这些大型多细胞生物根据所含色素的不同，被分为棕藻、红藻和绿藻三类（McHugh，2003）。江蓠属（*Gracilaria* **spp.**）由100多种红色海藻组成，是水产养殖商竞相追求的目标，他们期望通过养殖江蓠（俗称"龙须菜"）实现高产，并收获具有商业价值的提取物（Buschmann等，2001）。而石莼属（*Ulva* **spp.**）是绿色藻类群，常被称为"海莴苣"，其含有的化合物在众多应用领域中具有极高的价值。石莼不仅可以直接食用，其提取物还可以作为功能添加剂，以及食品和化妆品行业的增稠剂、凝胶剂和乳化剂（Liao等，2021）。

烹饪与营养价值

尽管地中海和黑海地区拥有丰富多样的海藻物种，但它们却很少出现在当地的传统美食中。然而，近几十年来，受到亚洲美食的启发，厨师们开始注意到藻类独特的口感。在这些地区，石莼因略带碘味且口感柔软，类似酸叶草，备受人们青睐，成为烹饪中使用最广泛的海藻之一。海藻富含纤维和抗氧化成分，且热量低，是制作沙拉、汤或混合蔬菜的理想食材。

当地养殖情况

地中海和黑海地区自古以来便有采收海藻的传统，但养殖这些大型藻类却是近年来才逐渐兴起的。在过去的50年里，全球海藻产量呈现飙升趋势，据粮农组织2023年统计，2020年海藻产量已达到近3 500万吨。尽管如此，海藻养殖在许多国家仍未普及。

海藻的潜在价值巨大，不仅可应用于食品、饲料、生物燃料以及特种生物化学品等领域，其生产过程还能提供多种有价值的生态系统服务（Neori等，2007；Chopin，2014）。在地中海和黑海地区，海藻生产主要集中在摩洛哥和突尼斯，当地渔民采用悬浮养殖方式生产龙须菜。而其他地区，要么更侧重于微藻和螺旋藻的养殖，要么仅是在现有业务基础上兼顾藻类养殖（GFCM，2021）。海藻种类丰富，且受温度和纬度影响较小，因此受到全球人民的青睐，目前已开发出多种栽培方法（Hanisak和Ryther，1984）。石莼主要通过吊绳或网箱进行养殖，即将石莼插条固定在绳索或网上，再将其置于公海、陆地水箱或池塘中，待其生长至可收割规格后再进行收获（Moreira，2021）。而龙须菜则可直接将幼苗插入水体的沙质底层中，任其生长至完全成熟（Capillo等，2017）。这两种海藻在摩洛哥和突尼斯的潟湖及公海区域也可利用绳索或管状网进行养殖。

© SELT 海洋集团

SELT 海洋集团：
在地中海和黑海地区挖掘海藻的潜力

全球海藻生产主要集中在亚洲，然而这一新兴行业正在地中海南部地区崭露头角，其中SELT海洋集团已在比泽尔特潟湖（Bizerte Lagoon）设立了海藻养殖场。

这家突尼斯公司成立于1996年，起初是一家从亚洲进口海藻的食品技术与加工公司。经过持续发展，该公司现已开始自主生产海藻，并且其加工部门已提炼出营养丰富、价值高的海藻提取物，作为烹饪、化妆品、制药和生物塑料行业的添加剂，为当地公司提供服务，同时出口海外市场。SELT海洋集团始终秉持着对环境和社会负责的核心理念，开展海藻的栽培、加工和生产工作。

　　海藻作为地中海地区的重要植物，不仅提供生态系统服务，还对该地区的经济和社会发展具有积极作用。然而，突尼斯以往仅局限于采收比泽尔特潟湖和突尼斯湖的海藻，海藻的开发潜力尚未被充分发掘。为了打破这一局面，SELT海洋集团积极投身于海藻产品的自主开发。

　　比泽尔特潟湖的海藻养殖场占地80公顷，目前产品已出口至17个国家，并且出口市场还在持续扩大。SELT海洋集团的成功源于其多方面的努力，包括坚持不懈的创新精神、对可持续生产方式研究的投资、长期的适应性培训以及对社会发展和女性赋权的重视。该集团员工中女性占比超过80%，其掌舵人纳迪亚·塞尔米（Nadia Selmi）是一位杰出的商业经理，并在世界粮食日被粮农组织评选为"粮食英雄"。

　　SELT海洋集团在生产方法和养殖场运营中，始终贯彻对环境和社会负责的生产原则。养殖龙须菜有"系带法"和"管网法"两种主要技术。尽管系带法是该地区的传统方法且成本较低，但集团出于生态友好的考虑，选择了管网法。这种方法能够显著降低塑料渗入水中、破坏生态系统的风险。收获的海藻则通过阳光和风的自然作用进行干燥。尽管这一做法对时间、劳动力、晾晒面积和设备的要求更高，但SELT海洋集团仍坚持可持续生产战略，坚决避免使用化学品。

　　他们不仅专注于可持续生产，还积极促进女性就业，在行政、研究和实验室等部门雇佣了超过100名女性员工，并投资推动当地社区的发展。此外，他们还持续开展教育培训，根据员工的职位和发展目标，提供差异化且持续的培训。

　　当海藻生长到合适尺寸时，便会被采收并运送到转化装置进行加工。经过处理，海藻会转化为原料粉，这些原料粉可用于生产组织改良剂、胶凝剂、食品增稠剂等多种产品。近年来，SELT海洋集团一直在生物塑料行业深耕并取得显著进展，他们利用海藻提取物生产可生物降解且水溶性的

© SELT海洋集团

© SELT海洋集团

"我们的主要目标是维持原材料的独立自主供应，实现价值链的高效管理，并确保生产活动的持续可发展。"

© 地中海综合渔业委员会/丹尼尔·吉莱特

"在突尼斯，人们通常每周食用三到四次海鲜和鱼类，而海藻的食用却少得多。但海藻作为一种可持续的海产品，能够为人们带来新颖的味道和口感，且有助于传统菜肴如突尼斯塔吉锅的现代化创新。"

丽哈布·纳格斯（Rihab Naguez），
法国保罗·博古斯酒店与厨艺学院
烹饪专业学生

生物塑料。

目前，SELT集团的原材料主要用于三大领域：90%供应食品工业，5%用于制药业，剩余的5%则服务于化妆品业。此外，集团还计划深化生物材料领域的研发，并积极拓展与全球企业的合作，同时加强与各研究机构的合作，以进一步拓宽海藻类应用产品的范围。

SELT集团今日的成就，离不开他们的不懈努力。初期，他们在潟湖开发过程中遭遇了诸多挑战，既有行政方面的重重限制，也有关于如何将海藻业务与其他现有活动相融合的难题。由于海藻生长对适宜温度的依赖性极高，近年来SELT集团一直十分关注并致力于适应气候变化的问题。

虽然SELT集团不断壮大，业务不断多元化，但其初心始终如一：坚持在当地实现海藻的可持续养殖，确保原材料供应的长期独立自主，保证产品的高品质，并持续研发创新和生态友好的藻类产品。同时，积极承担环境和社会责任。

© SELT海洋集团

地区传统与特色食谱

凭借其独特的风味、缤纷的色彩和多样的质地，海藻迅速赢得了厨师们的青睐。受亚洲和北欧美食的启发，各种海藻品种被广泛应用于意大利面、面包、蔬菜和鱼类的制作中。海藻的处理方式多样，可以现采即食、腌制、干燥处理或研磨成粉，轻松融入各种菜肴之中。

意大利/佛卡夏面包

石莼经常出现在各种面包配方中，它不仅可以增添碘味，还可以为面包添加颜色。制备意大利佛卡夏面包时，石莼是橄榄油的完美搭配。在面包发酵的最后阶段，将海藻碎或干片加入面团中，烘烤时，面团便会散发出诱人的香气。由于海藻本身带有一定的咸味，所以在和面时应当适当减少盐的用量。此外，您还可以在佛卡夏上覆盖烤蔬菜或熏鱼片一同品尝，口感更佳。

©粮农组织/皮耶尔·保罗奇托

©粮农组织/朱利奥·纳波利塔诺

意大利/海藻烩饭

石莼等海藻可用于各种米饭和意大利面食的配方中，如意大利烩饭，可为菜肴增添独特的碘味。首先要仔细清洗石莼，并将其撕成细条。随后，将海藻条放入蔬菜高汤中煮数分钟，直至软化。此高汤后续可用于调味。接着，用橄榄油快速翻炒海藻条，最后在上桌前将其加入意大利烩饭中。

©地中海综合渔业委员会/
胡萨姆·哈姆扎

海藻塔塔酱

制作海藻塔塔酱时，需先将海藻浸泡、漂洗并切碎，接着用红葱、洋葱、刺山柑、橄榄、大蒜、香料和新鲜香草进行调味，使其散发出浓郁的香气。海藻塔塔酱既可以搭配烤吐司食用，也可以作为配菜或烤蔬菜的调料使用。

烹饪小技巧

如何处理海藻？

海藻通常需要经过盐渍或脱水处理，因此在使用前必须先在清水中浸泡至少1小时，以去除多余的盐分。另外，你也可以选择将海藻焯水30秒，然后迅速放入冰水中冷却，这样处理后的海藻会更加柔软，加入菜肴时口感会更佳。

如何烹饪海藻？

重新水合的海藻用途广泛。切碎后可以用于制作调味酱汁，也可以加入面包面团中。石莼可以切成细条，可加入沙拉中生吃，或者腌制后搭配热吐司食用。此外，还可以将其撕成较大的条状，与蔬菜一同炒制，或者放入肉汤中煮制，甚至可以用来包裹鱼片，以防鱼片在烤制时受热过度。

如何给海藻调味？

海藻常作为调味品使用，为鱼类、酱汁甚至风味黄油增添碘味，其独特的质地使其在制作涂抹酱汁、烹煮汤品或与蔬菜共炒时都能展现出别具一格的风味。特别是石莼，其独特香味与新鲜香草、大蒜和刺山柑搭配时，更能凸显出相互之间的和谐与美味。

以下是与海藻搭配的最佳食材，可制作出独特的地中海和黑海风味菜肴。

蔬菜
- 土豆
- 西葫芦
- 茴香
- 番茄

水果
- 苹果
- 葡萄
- 甜瓜
- 西瓜
- 橙子

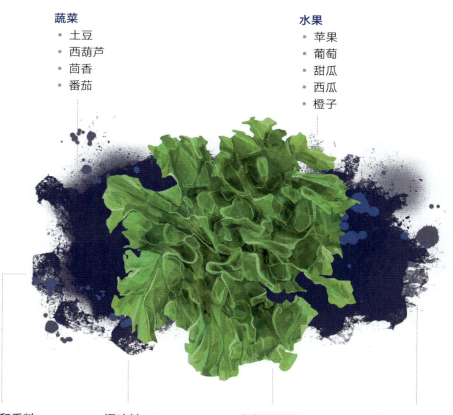

香草和香料
- 欧芹
- 莳萝
- 香葱
- 刺山柑
- 龙蒿

调味料
- 醋
- 橄榄
- 芥末
- 芝麻酱

肉类和乳制品
- 奶油
- 黄油

谷物、豆类和坚果
- 意大利烩饭用米
- 玉米
- 意大利白腰豆

海藻塔吉锅搭配
开心果和椰枣

类型：
主菜
份数：
4 人份
准备时间：
15 分钟
烹饪时间：
20 分钟

塔吉锅（Tajine）是马格里布（Maghreb，非洲西北部地区）的代表性美食，通常以肉类或鱼类为主料烹饪。然而，它同样适合用来制作以海藻为主的素食。海藻自带的碘香与烤蔬菜相融合，再伴随着香料、甜杏、椰枣和香菜的清新香气，令人回味无穷。

所需厨具
- 砧板
- 不粘锅
- 蔬菜削皮刀
- 汤锅
- 炖锅
- 盘子
- 细丝刨丝器

所需食材

海藻塔吉锅
- 100 克海藻
- 1 颗白洋葱
- 2 瓣大蒜
- 3 匙特级初榨橄榄油
- 3 个芜菁
- 2 根胡萝卜
- 2 个西葫芦
- 4 个土豆
- 4 颗腌渍柠檬
- 1 汤匙姜末
- 1 汤匙姜黄根粉
- 1 汤匙香菜籽粉
- 1 汤匙肉桂粉
- 盐和胡椒

海藻粗粉
- 300 克粗粒小麦粉
- 2 汤匙海藻
- 300 毫升水
- 2 汤匙特级初榨橄榄油
- 盐和胡椒

顶料
- 4 颗椰枣
- 4 颗杏干
- 1 把杏仁
- 1 把开心果
- 1 把新鲜香菜

制作步骤
· · · · · · · · · ·

海藻塔吉锅

　　首先，用冷水将海藻洗净。接着，将洋葱和大蒜去皮并切碎，胡萝卜、芜菁、土豆和西葫芦也同样去皮切碎，备用。把腌制过的柠檬切成四块。然后，在锅中倒入橄榄油，待油热后，放入洋葱和大蒜进行翻炒，直至炒出香味。将之前切好的蔬菜、柠檬块、海藻和香料一并加入锅中，盖上锅盖，用小火慢慢炖煮20分钟，直到蔬菜完全熟透。

海藻粗粉

　　将水烧开，然后加入粗粒小麦粉和海藻，立即盖上盖子。约5分钟后，用叉子搅拌均匀，加入橄榄油，并用适量的盐和胡椒调味。

摆盘

　　先将椰枣和杏干去核切成薄片，杏仁和开心果切碎，香菜切碎，备用。接着，取一个浅盘，将海藻粗粉均匀地铺在盘底。之后，可以将塔吉锅中炖好的蔬菜均匀地覆盖在海藻和小麦粉上，最后撒上切好的椰枣片、杏片、杏仁碎、开心果碎和香菜。

营养成分表

	每100克	每份配方
热量	392千焦	12 569千焦
蛋白质	2.3克	73.6克
碳水化合物	13.1克	419.0克
纤维	2.3克	72.9克
糖	3.5克	111.0克
脂肪	2.9克	93.3克
饱和脂肪	0.4克	11.3克
钠	40毫克	1 279毫克

© 地中海综合渔业委员会/尼古拉斯·维利翁

罗非鱼

Oreochromis spp.

地中海和黑海水域的罗非鱼

拉丁学名：*Oreochromis* spp.

科：丽鱼科

年均产量（2016—2020年）：
约100万吨

罗非鱼产量排名前三的国家：
埃及、以色列、叙利亚

咸水养殖占比88%，淡水养殖12%。

营养健康、价格实惠、口味宜人，是家庭菜肴的优质之选。

资料来源：联合国粮农组织渔业及水产养殖业司，2023。全球水产养殖产量（1950—2020年）。fao.org/fishery/statistics-query/en/aquaculture/aquaculture_quantity

数据基于地中海综合渔业委员会（GFCM）的促进地中海水产养殖信息系统（SIPAM）。

罗非鱼

Tilapia

　　罗非鱼（*Oreochromis* **spp.**）的养殖历史可追溯至4000年前（Gupta，2004）。如今，随着水产养殖业商业化程度的提高和快速发展，罗非鱼已成为21世纪的重要养殖物种之一（Shelton，2002）。这种热带鱼类在温暖水域生长迅速，其杂食特性使其能过滤和捕食浮游植物、动物、黏液及碎屑，从而持续快速生长。在地中海和黑海区域，最常见的罗非鱼品种是尼罗罗非鱼。

烹饪与营养价值

　　罗非鱼是地中海东南部国家，特别是埃及餐桌上的常客。其价格亲民，肉质鲜嫩，是日常家庭聚餐的首选食材。同时，罗非鱼富含维生素B和一些必要的脂肪酸，烹饪方式多样，既可以烧烤、煎炸，也可以用来做汤。为了避免肉质干柴，最好采用大火快速烹调的方式，以保持其鲜美口感。

当地养殖情况

　　早在1924年，肯尼亚就开启了罗非鱼的人工养殖历程。罗非鱼迅速风靡整个非洲大陆，并在随后的几十年间传入亚洲和美洲（Gupta，2004）。如今，全球有85个国家养殖罗非鱼，包括地中海和黑海地区的国家。这些地区养殖的罗非鱼品种繁多，但尼罗罗非鱼始终占据主导地位。

　　罗非鱼的养殖始于产卵，在24℃的水温条件下，一年中的任何时间它们均可进行繁殖。经过10～15天的孵化期，便可成功孵化出鱼苗。喂养2～3个月后，幼鱼体重会达到30～40克（粮农组织，2022f）。在最后的养殖阶段，养殖者可根据需要选择池塘、漂浮式网箱、水箱、跑道式或循环系统等养殖方式。

为了最大化产量，当罗非鱼达到商业标准时，采用池塘养殖的养殖者需将鱼全部捕捞，而使用漂浮式网箱、水箱、跑道式和循环系统的养殖者则需选择性地捕捞一部分。罗非鱼养殖能实现农牧业的理想结合，发展前景十分广阔（Wang M和Lu M，2015）。

穆罕默德·马哈茂德·科尔德：将法老传统融入现代养殖

尼罗河给沙漠中的埃及带来了肥沃的农田。从开罗上空看，尼罗河分成众多支流，为北部海岸留下一片扇形的绿色生机。穆罕默德·马哈茂德·科德（Mohamed Mahmoud Kord）的父亲便是布鲁斯湖咸水区的渔民，这片湖与地中海之间仅隔着一道纤细的海滩。1980年，老科德决定在旱地上试试运气，于是在附近购置了4公顷农田。然而，这块土地由于离海太近，盐碱化严重，鲜少能产出庄稼。于是，他又将目光投向了鱼类，在自己的土地上挖建了两个浅水池塘，开始了养鱼之路。

尽管古墓插画显示，早在4 000年前人们已在人工池塘中养殖尼罗罗非鱼，但到1980年，埃及人早已遗忘了罗非鱼的养殖技艺。罗非鱼因能

©穆罕默德·马哈茂德·科尔德

©穆罕默德·马哈茂德·科尔德

力日益增大的情况下，罗非鱼因生长迅速、饲喂需求简单、适应拥挤环境的特性，受到了水产养殖者的青睐。科德夫妇从新建的孵化场购入鱼苗，从工厂购买饲料，将罗非鱼引入自家的鲻鱼池塘。他们的年产量迅速增长，从每公顷约800千克大幅提升至2 500千克。到了2000年，科德夫妇又购买了6公顷土地，并租用了10公顷土地，养殖场规模大幅扩张。

随着科德在家族企业中承担的责任加重，他积极跟进养殖技术的最新进展。为了提高产量，他运用在亚历山大大学农业系所学的知识，创造性地引入了挤压饲料。这种饲料经过工厂的压缩、包衣和干燥处理，既经济又高效，非常适合养殖户使用。

©穆罕默德·马哈茂德·科尔德

在异常泥泞、低氧的环境中生存，而被人们误认为肉质不佳，进而被称为"垃圾鱼"。历史上，罗非鱼曾被用作护身符，并且是甲骨文中"鱼"字的来源，但如今其地位已不复存在：在埃及，人们对养殖罗非鱼的兴趣大减。于是，老科德在儿子的协助下，转而致力于养殖鲤鱼和鲻鱼，这两种鱼生长缓慢但价格更高。直到20世纪90年代，专家和公众对罗非鱼进行了重新评估，并创造了新的水产养殖技术，罗非鱼才重新回归埃及市场，科德的养殖场也因此找到了自己的发展方向。

1990—1995年，政府部门和私营企业纷纷设立了尼罗罗非鱼的孵化场和饲料厂。在本地海洋物种捕捞压

©穆罕默德·马哈茂德·科尔德

© 地中海综合渔业委员会/丹尼尔·吉莱特

"在埃及，鱼的消费量因地而异。居住地离海越近，人们食用的鱼就越多，因为海边鱼的新鲜度更高。罗非鱼作为埃及最受欢迎的鱼类之一，其烹饪方式独特。烹饪时，先将罗非鱼与大蒜、辣椒、胡椒及各种香料混合腌制，随后进行烘烤或煎炸，最后搭配米饭和新鲜的沙拉一同享用。"

朱德·埃尔·谢纳维（Joude El Shennawy），法国保罗·博古斯酒店与厨艺学院烹饪专业学生

后来，科德还安装了桨轮以维持池塘内的最佳溶氧量，同时引入了最先进的收获后处理和运输流程，确保产品的安全与新鲜。

为丰富养鱼知识，科德曾独自前往中国以及埃及阿巴萨（Abbasa）特有的世界渔业研究中心深造。过去十年，科德已从学生蜕变为老师，向埃及致力于渔业发展的养殖户传授专业知识。他被世界渔业研究中心评选为二十名优秀认证培训师之一，为数千名埃及养殖户讲授一流的水产养殖方法。

科德是埃及自法老时代以来首位罗非鱼养殖者，他与同事们正致力于改良该产业现状，以进一步开拓市场。例如，罗非鱼在夏季容易因病死亡，成为养殖罗非鱼的一大挑战。此外，目前埃及市场上主要销售的罗非鱼产品以整条为主，若建立生鱼片及其他增值产品的工厂，可能会开辟更广阔的出口市场。鉴于该行业当前迅猛的增长势头，他们相信这些问题将很快得到解决。

"我的目标是推动本地区水产养殖业的持续发展，致力于为埃及及国际市场供应品质卓越的特色鱼类。"

地区传统与特色食谱

罗非鱼在埃及文化中拥有超过4000年的历史。据一份古埃及食谱记载，当时人们建议将罗非鱼切块，保留鱼皮和鱼刺，并佐以红葱、大麦一同烹煮。而在法老时代，人们更是直接将其置于火上烧烤。时至今日，小餐馆里仍常采用将罗非鱼置于烧烤架上烤制的方式，或者整个煎炸后提供给食客享用。

埃及/大麦罗非鱼汤

©地中海综合渔业委员会/
多米尼克·布尔德内

在埃及，罗非鱼通常与蔬菜和香料一同在锅中炖煮。首先，将罗非鱼去内脏、去鳞，然后连骨切成中等大小的鱼块。接下来，将鱼块与大蒜、辣椒粉、芹菜叶和香菜一同放入锅中，并撒上各种香料。蔬菜切成条状后，与其他多种香料一同加入锅中。最后，放入黄油块和鲜榨橙汁。盖上锡箔纸，炖煮一个小时即可。

黎巴嫩/鱼肉馅饼

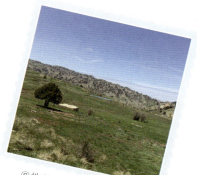

©地中海综合渔业委员会/
齐亚德·萨马哈

肉馅饼作为黎巴嫩的经典菜肴之一，通常选用碎羊肉与炒熟碾碎的干小麦作为主料。然而，在贝鲁特（Beirut）地区，这道美食还有别致的鱼肉版本。制作时，先将白鱼（如罗非鱼）切片，随后与干小麦、炒洋葱、香菜和欧芹一同打碎。接着，加入橙皮、孜然、香菜、肉桂、姜黄和白胡椒等调料进行调味，并塑造成当地传统的馅饼形状。最后进行油炸。这道美食通常搭配鹰嘴豆沙拉酱或白芝麻酱食用。

© 地中海综合渔业委员会/
加拉特亚·梅迪亚

叙利亚/海鲜饭

　　在叙利亚沿海地区的传统食谱中，罗非鱼等白鱼常切片后，与柠檬、香菜籽、大蒜和橄榄油一同放入陶锅中烘烤。鱼肉通常与米饭搭配食用，而米饭中会加入一种叫做"巴哈拉特"（baharat）的混合香料来增添风味。这种香料主要由孜然、葛缕子干籽和香菜组成，但在不同地区和家庭中，巴哈拉特的配方会有所不同，有些会额外加入肉桂、姜黄或红花等特色配料。此外，炒焦的洋葱也常被放置在米饭上作为点缀。

烹饪小技巧

如何处理罗非鱼？

　　罗非鱼因其低廉的价格，常被用作鱼丸、馅料或酱料的主要原料。一般而言，不论是新鲜的罗非鱼片还是冷冻的，都会经过去除鱼皮和鱼刺的处理。但为了确保食用安全，建议在处理鱼片之前，先仔细检查是否有鱼刺残留。

如何烹饪罗非鱼？

　　罗非鱼在烹饪过程中容易失去水分而变得干燥。为了更好地烹饪，可以将其切成薄片，然后迅速在预热好的不粘锅中翻炒；或者将罗非鱼烤熟后切丝，放凉后与橄榄油凉拌；或制成温热的烤鱼享用。

如何给罗非鱼调味？

　　相较于多宝鱼或鲈鱼等只需简单烹饪即能保持高营养价值的鱼种，罗非鱼的烹饪方式更为多样化。其肉质清淡细腻，能与各种配料完美融合。不仅可以简单地煎或烤，还可以裹上面包糠，搭配欧芹和大蒜，或是与烤红灯笼椒和刺山柑结合，制作出独具风味的辣味鱼片。罗非鱼的烹饪方法多种多样，满足了不同口味的需求。

下面是与罗非鱼搭配的最佳食材，可烹制出独具地中海和黑海风味的菜肴。

蔬菜
- 胡萝卜
- 番茄
- 西葫芦
- 红灯笼椒
- 绿豆

水果
- 西柚
- 青柠
- 橘子
- 柠檬

香草和香料
- 欧芹
- 迷迭香
- 鼠尾草叶
- 香菜
- 龙蒿叶

调味料
- 辣椒粉
- 烟熏辣椒粉
- 姜黄
- 干大蒜
- 橄榄
- 黑种草

肉类和乳制品
- 西班牙辣味香肠
- 帕尔马干酪

谷物、豆类和坚果
- 大米
- 小麦
- 蚕豆
- 杏仁

罗非鱼三明治搭配红灯笼椒、烤西葫芦和莳萝芝麻酱

类型：
主菜
份数：
4 人份
准备时间：
10 分钟
烹饪时间：
40 分钟

所需厨具
- 砧板
- 搅拌碗
- 毛巾
- 烤盘
- 防油纸
- 搅拌机
- 不沾锅
- 鱼骨镊

这道菜源自土耳其街头小吃，制作时将罗非鱼切成薄片，并与烤好的蔬菜一同夹入口袋面包（Pita bread）中。食用时，通常搭配由烤芝麻和新鲜莳萝精心调制的独特酱汁。

所需食材

莳萝口袋面包
- 5 根莳萝
- 300 克中筋面粉（T55 型）
- 25 克新鲜酵母
- 100 毫升全脂牛奶
- 75 毫升水
- 1 撮大蒜粉
- 2 撮罂粟籽

莳萝芝麻酱
- 5 勺芝麻酱
- 5 勺水
- 半个柠檬的汁
- 1/4 束莳萝
- 2 瓣蒜
- 1 茶匙特级初榨橄榄油
- 盐和胡椒

烤红灯笼椒
- 2 个红灯笼椒
- 盐和胡椒

烤西葫芦
- 2 个西葫芦
- 2 茶匙特级初榨橄榄油
- 盐和胡椒

烹制罗非鱼
- 4 片罗非鱼
- 2 茶匙特级初榨橄榄油
- 1 勺姜粉
- 1 勺孜然粉
- 1 勺香菜籽粉

制作步骤
. . . .

烤口袋面包

将莳萝茎切碎，随后与面粉、酵母、牛奶、水、大蒜粉和罂粟籽混合均匀。接着，用力揉搓面团约5分钟，之后用毛巾覆盖，让其在室温下自然发酵30分钟。待面团发酵完成后，将其均分为四块，分别揉成圆团，并用擀面杖擀至约1厘米厚。接下来，在烤盘上铺好防油纸，将擀好的面团置于其上，放入已预热至180℃的烤箱中烘烤12分钟。

莳萝芝麻酱

先将大蒜和莳萝切碎，接着在搅拌机中放入芝麻酱、水、柠檬汁、橄榄油、切好的莳萝和大蒜，搅拌混合至均匀，最后加入适量的盐和胡椒粉调味。

烤红灯笼椒

在烤盘上铺上防油纸，将红灯笼椒整个放入预热至180℃的烤箱中，烘烤20分钟。随后，取出红灯笼椒，去掉其皮和籽，切成条状，并撒上适量的盐和胡椒粉进行调味。

烤西葫芦

将西葫芦纵向切成薄片。在不粘锅中倒入橄榄油，大火加热后，将西葫芦片放入锅中煎至金黄，最后撒上盐和胡椒调味。

烹制罗非鱼

首先，罗非鱼去皮去骨，切成薄片。接下来，在碗中倒入适量的橄榄油和香料，将鱼片放入碗中腌制10分钟。最后，用中火在不粘锅中将腌制好的鱼片煎制2分钟。

摆盘

将口袋面包对半切开，然后在其中加入芝麻酱，接着放入烤红灯笼椒、西葫芦和罗非鱼。

营养成分表

	每100克	每份配方
热量	415千焦	11 962千焦
蛋白质	5.5克	157.0克
碳水化合物	9.9克	385.0克
纤维	1.4克	41.3克
糖	1.3克	37.3克
脂肪	3.8克	109.0克
饱和脂肪	0.6克	17.9克
钠	41毫克	1 174毫克

© 地中海综合渔业委员会 / 尼古拉斯·维利翁

大菱鲆

Scophthalmus maximus

~~~~~~

黑海和地中海生产的大菱鲆

拉丁学名：*Scophthalmus maximus*

科：菱鲆科

年均产量（2016—2020年）：
7 800吨

大菱鲆产量排名第一的国家：
西班牙

咸水养殖占比99%，淡水养殖1%。

低脂高蛋白，是健康食谱的绝佳选择。

资料来源：联合国粮农组织渔业及水产养殖业司，2023。全球水产养殖产量（1950—2020年）。fao.org/fishery/statistics-query/en/aquaculture/aquaculture_quantity

数据基于地中海综合渔业委员会（GFCM）的促进地中海水产养殖信息系统（SIPAM）。

大菱鲆

Turbot

　　大菱鲆（*Scophthalmus maximus*），又称多宝鱼，属鲽形目菱鲆科。广泛分布于地中海、黑海及东北大西洋的波罗的海等海域（Bauchot，1987）。它不仅在捕捞渔业中占有重要地位，还是地中海和黑海水产养殖的关键品种。其因口感清淡、营养丰富而备受欢迎，全球产量增长迅速，尤以西班牙地区为甚。

烹饪与营养价值

大菱鲆作为地中海和黑海水域中的佼佼者，被誉为"海洋王子"。其品质卓越，价格高昂，拥有乳白色的鱼肉，口感细腻且质地紧实。无论是整条烹制、切片还是带骨带皮切块，红烧、火烤或是清蒸，都能呈现出独特的美味。同时，其低脂肪、高蛋白质的特点，使其成为健康饮食的理想之选。

当地养殖情况

由于备受消费者喜爱，大菱鲆一直受到水产养殖部门的青睐，他们致力于将其转化为可行的养殖品种。大菱鲆的养殖历史可追溯至20世纪70年代的苏格兰，随后在80年代扩展至欧洲大陆（粮农组织，2022g）。随着鱼苗培育技术的提升，西班牙的养殖场数量大幅增加，产量也迅速上升。然而，由于高昂的养殖成本和剧烈的市场波动，许多养殖场不得不关闭（粮农组织，2022g）。目前，仍有众多地中海和黑海地区国家，如意大利、葡萄牙和土耳其，在进行大菱鲆养殖，但西班牙仍是产量最高的国家，2020年其产量达到7 000吨（粮农组织，2023）。

生产大菱鲆时，首先是从成鱼亲本中获取幼鱼。具体流程为：将成鱼亲本放入水箱中养殖，并通过人工辅助其产卵。待鱼卵孵化后，继续在水箱中养殖幼鱼，并喂以轮虫、卤虫和浮游植物。当幼鱼体重达到5～10克时，转为喂食干颗粒饲料。此阶段幼鱼会经历变形发育，两只眼睛会移动到身体的同一侧，鱼体也会变得扁平。

经过4～6个月的生长，当幼鱼体重增至80～100克时，便进入生长期。此时，养殖者需将大菱鲆放入平底网箱或岸上水箱（后者更为常见）中继续饲养。大菱鲆通常需要18～20个月的时间才能长到1.5～2千克的商业规格，其间需保持14～18℃的水温，并饲喂干饲料。一旦大菱鲆达到商品规格，养殖者即可进行收获。（粮农组织，2023；Çiftci等，2002）

中央渔业研究所：
打造私营部门可效仿的养殖范本

© 特拉布宗中央渔业研究所

© 特拉布宗中央渔业研究所

土耳其的水产养殖业主要由政府推动，其中特拉布宗中央渔业研究所（SUMAE）是该国水产养殖领域的典范。该研究所配备了一流的实验室、室内鱼池、室外池塘和基因库，在鱼类养殖生产、基因技术和自然增殖等领域取得了显著突破。中央渔业研究所在推动水产养殖业的发展中发挥了不可或缺的作用，预计2023年的出口目标是10亿美元。此外，中央渔业研究所还投入了大量研究精力和资源来保护大菱鲆这一黑海特色物种和重要经济鱼类。由于过度捕捞，野生大菱鲆已面临濒危境地，而该研究所的努力将有助于其种群恢复和可持续发展。

特拉布宗中央渔业研究所每年培育的大菱鲆数量超过4万条，这些鱼的遗传特征和生活史各有差异，这些差异正是该研究所进行的一系列创新实验的成果。除了遵循自然规律，在

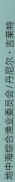

© 地中海综合渔业委员会/丹尼尔·吉莱特

"意大利人对鱼情有独钟，每个地区都有其独特的鱼种偏好和烹饪方式。其中，大菱鲆备受欢迎，人们常用橄榄油和大蒜煎炸大菱鲆片，再搭配由鱼骨烹制的土豆、番茄和橄榄一同享用。"

卢卡·维奥利（Luca Violi），法国保罗·博古斯酒店与厨艺学院烹饪专业学生

5月的产卵季节孵化大菱鲆幼体外，研究人员还利用光周期控制技术，实现了大菱鲆的全年生产。这种技术通过调整光照条件，增加或减少光照时长，从而有效地加速或延迟大菱鲆生命周期中的关键发育阶段。

该研究所的基因库为整个养殖过程提供了坚实的技术支持。库中配备了液氮存储箱，储存了多达35种雄性大菱鲆的优质精子，这些精子一部分来自研究所的孵化场，另一部分则采集自野生种群。这些精子在−196℃的液氮冰箱中保存，极低的温度有效防止了在正常冷冻过程中可能产生的冰晶对遗传物质的破坏。若育种工作遭遇意外，特别是在精子采集环节，研究员们便可以利用基因库中丰富的精子储备及时补救。

20世纪90年代末，在日本国际协力机构（JICA）的协助下，研究所开始涉足大菱鲆的养殖。日本在养殖比目鱼、大比目鱼等大菱鲆近亲鱼种方面拥有数十年的丰富经验，他们派遣了专家前往特拉布宗的研究所传授大菱鲆的养殖技术。同时，土耳其的科学家也前往日本进行了现场学习。

在过去的25年里，研究所的大菱鲆养殖活动主要服务于科学研究，通常由内部科研团队或大学团体领导。不过，研究所已明确其长远目标，即为私营部门打造一套精准的养殖流程，助力其实现大菱鲆的全年生产。实际上，与私营部门的合作已通过多种方式展开，比如将用于科研之外的大菱鲆幼鱼提供给当地养殖者，私营部门代表亦会前来研究所学习专业知识。部分私营部门甚至资助了研究所的部分研究项目。研究所人员强调："从技术应用效果来看，大菱鲆养殖技术的成熟度对私营部门能否实现大规模养殖具有决定性影响。"

作为地中海综合渔业委员会在黑海地区设立的两个水产养殖示范中心之一，特拉布宗中央渔业研究所不仅与私营部门紧密合作，还是所有水产养殖利益相关者的知识分享中心。研

© 特拉布宗中央渔业研究所

究所通过示范培训分享知识，促进技术合作和养殖能力提升，推动该地区的可持续水产养殖。除此之外，研究所还通过放养计划助力捕捞渔业的发展，积极推动社会经济增长。他们每年培育并标记约1万条幼鱼，然后放养到黑海进行持续监测。这一做法不仅能用于评估种群增殖工作的效果，同时也为私营部门带来了实际益处。

大菱鲆天生喜好聚集，且一旦在某一地点被释放，便不会轻易离开。因此，当这些鱼达到可捕标准的最小规格时，通常可以在其释放地点附近找到它们。当地渔民对大菱鲆的到来表示热烈欢迎，它们的到来不仅增加了渔民的渔获量，还提升了水产品的整体质量，同时也有助于该地区的种群保持可持续的自然生产力。

大菱鲆养殖对资金和技术要求极高，极具挑战性。然而，土耳其的杰出科学家们通过不懈研究，成功使土耳其成为全球少数几个实现大菱鲆商

业化养殖的国家之一。随着私营部门在该领域的不断发展，该所计划出售其户外圆形混凝土池塘中养殖的符合市场规格

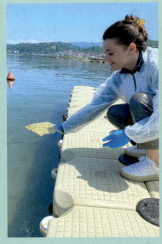

© 特拉布宗中央渔业研究所

的大菱鲆，并以合理的价格提供给当地消费者。

"特拉布宗中央渔业研究所通过放养计划，有效促进捕捞渔业的发展，积极推动社会经济增长。"

地区传统与特色食谱

大菱鲆的历史悠久，可追溯到公元1世纪末的一首罗马讽刺诗，诗中首次以文字形式记载了这种鱼类，并透露出它在古罗马帝国时期广受欢迎。如今，大菱鲆因其昂贵的价格和细腻的口感而备受青睐。在烹饪上，大菱鲆有多种选择：无论是放入烤箱烘烤，还是直接用火炙烤，或是选择清蒸，都能展现出其独特的美味。为了充分保留其肉质的鲜美，建议避免长时间烹饪。

©弗洛里安·奥利沃

法国/香煎大菱鲆

这道经典的法式佳肴，选取的是珍稀且味道非凡的大菱鲆作为主料。在烹饪前，需细心去除大菱鲆的鳞片和内脏，再用清水冲洗干净，并用干净的毛巾轻轻擦干。随后，可以选择整条烹饪或将其切成均匀的小段。为了防止鱼肉在烹饪时粘连，可在其表面涂抹一层薄薄的面粉。接着，用黄油将鱼煎至金黄酥脆。最后，与香脆的烤面包丁、酸爽的刺山柑、清香的欧芹碎以及清新的柠檬片一同享用。

格鲁吉亚/石榴酱风味烤比目鱼佐茄子

©地中海综合渔业委员会/
多米尼克·布尔德内

格鲁吉亚人（Georgian）烹制大菱鲆等黑海鱼的传统方式别具一格。他们首先会细心去除鱼的鳞片和内脏，接着在鱼身上涂抹盐、新鲜切碎的大蒜和橄榄油，然后将鱼放入烤箱中，烘烤至鱼肉完全熟透，表皮呈现出诱人的金黄色。至于配菜，他们则选择用橄榄油轻煎茄子片，并搭配用石榴汁浓缩而成的甜美糖浆调制的酱汁，同时佐以洋葱、蒜末、罗勒和香菜增添风味。

©地中海综合渔业委员会/
克劳迪娅·阿米科

土耳其/大菱鲆三明治

　　鱼肉三明治是伊斯坦布尔（Istanbul）的街头美食的代表，采用当天新鲜捕获的鱼类精心制作。普通三明治常用鲭鱼为主料，而高档餐厅则以大菱鲆替代，并作为招牌佳肴。两片松软新鲜的面包中，夹着烤制得恰到好处的鱼肉，再搭配上白洋葱片、鲜脆的沙拉叶和番茄片，最后还可滴上几滴柠檬汁，为这道美食增添一丝清新风味。

烹饪小技巧

如何处理大菱鲆？

　　大菱鲆作为比目鱼的一种，其身体结构由四部分构成：背面（颜色较深）的两部分较大，而腹面（颜色较浅）的两部分则较小。在切割时，建议从鱼尾开始，沿着脊骨上的白线一路切至头部。之后，使用切片刀细致地将鱼肉与鱼骨分离。值得注意的是，鱼骨和鱼皮都是熬制汤底的绝佳材料，建议保留。

如何烹饪大菱鲆？

　　大菱鲆烹饪时不宜过久加热，以免肉质变干。可以选择整条或切块进行炖煮，也可以放在烤架或烤箱中烤制，甚至直接用明火烤。烹饪时，保持鱼皮和鱼骨的完整性有助于保持肉质的细嫩口感。

如何给大菱鲆调味？

　　大菱鲆因其高价值而备受珍视。在烹饪时，若想保持其原有风味，选择合适的调味品至关重要，加入橄榄油和少许盐，简单煎炸，即可将其转变为一道美味佳肴。配菜方面，建议选择口感独特、味道高级的食材，如鸡油菌或绿芦笋，以进一步增强大菱鲆的本味。

以下是和大菱鲆搭配的最佳食材，可以制作出独特的地中海和黑海风味菜肴。

蔬菜
- 番茄
- 红灯笼椒
- 红葱
- 茄子
- 韭菜
- 土豆
- 洋葱
- 西葫芦
- 芦笋

水果
- 柠檬
- 石榴
- 橙子
- 葡萄柚

香草和香料
- 欧芹
- 龙蒿
- 罗勒

调味料
- 青椒
- 姜
- 芥末

肉类和乳制品
- 奶油
- 椰子汁

谷物、豆类和坚果
- 肉汁烩饭
- 撒丁岛风味意面
- 意大利面
- 新鲜蚕豆

香煎大菱鲆搭配法式烤茄子和意式罗勒青酱

类型：
主菜
份数：
4 人份
准备时间：
20 分钟
烹饪时间：
30 分钟

　　这道香煎大菱鲆，配菜选用烤茄子，再淋上意式罗勒青酱进行调味。这道配菜的灵感源自法国南部的经典美食"法式烤茄子"。

所需厨具

- 砧板
- 烤盘
- 防油纸
- 模具
- 细丝刨丝器
- 搅拌机
- 剪刀
- 鱼骨镊
- 不粘锅
- 盘子

所需食材

烤茄子

- 4 个茄子
- 1 茶匙特级初榨橄榄油
- 盐和胡椒
- 2 撮新鲜的百里香
- 2 瓣大蒜
- 1 茶匙松子
- 半罐凤尾鱼
- 半罐刺山柑
- 2 汤匙塔吉亚斯卡橄榄

芝麻菜和意式罗勒青酱

- 2 瓣大蒜
- 2 汤匙特级初榨橄榄油
- 100 克帕尔马干酪
- 1 把新鲜罗勒叶
- 2 把松子
- 1 把芝麻菜
- 盐和胡椒

香煎大菱鲆

- 1 条小的大菱鲆
- 1 汤匙特级初榨橄榄油
- 细盐

制作步骤
· · · · · · · · · ·

烤茄子

将茄子洗净并切成薄片，接着将这些薄片摆放在铺有防油纸的烤盘上。随后，在茄子上均匀地撒上橄榄油，并用盐和胡椒进行调味。接着，撒上一些百里香和蒜瓣，然后将烤盘放入预热至180℃的烤箱中烘烤15分钟。之后，将烤好的茄子片竖直层叠放入特殊的模具（在法国，这种容器被称为"tian"）中，直至整个容器被填满。接着，在茄子片上撒上松子、凤尾鱼、刺山柑和塔吉亚斯卡橄榄，再将模具放回烤箱中继续烘烤10分钟。

芝麻菜和意式罗勒青酱

将蒜瓣去皮切碎后，与橄榄油、帕尔马干酪、罗勒、松子和芝麻菜一同搅拌至顺滑，加入适量的盐和胡椒调味。

香煎大菱鲆

去除大菱鲆的鳞片、鳍和鳃，然后用冷水冲洗干净鱼身。接着去头去尾，将鱼身切成四块，并撒上细盐进行调味。在不粘锅中倒入橄榄油，放入鱼片，使用中火每面煎制3分钟，直至表皮变得金黄酥脆。

摆盘

将每块大菱鲆精心摆放在独立的盘子中，随后在盘边搭配上法式烤茄子和意式罗勒青酱，增添风味。

营养成分表

	每100克	每份配方
热量	418千焦	7 100千焦
蛋白质	5.5克	93.0克
碳水化合物	2.7克	46.1克
纤维	2.3克	39.3克
糖	2.1克	35.5克
脂肪	6.9克	117.0克
饱和脂肪	1.8克	29.8克
钠	198毫克	3 346毫克

欧洲鲈

Dicentrarchus labrax

生活在地中海和黑海的欧洲鲈

拉丁学名：*Dicentrarchus labrax*

科：**梦鲈科**

年均产量（2016—2020年）：
约232 500吨

欧洲鲈产量排名前三的国家：
土耳其、希腊、埃及

海水养殖占比86%，微咸水养殖14%。

欧洲鲈作为当地的地理标志产品，以往通常在高端餐厅里供应，如今随着水产养殖业的发展，其价格已逐渐亲民。

资料来源：联合国粮农组织渔业及水产养殖业司，2023。全球水产养殖产量（1950—2020年）。fao.org/fishery/statistics-query/en/aquaculture/aquaculture_quantity

数据基于地中海综合渔业委员会（GFCM）的促进地中海水产养殖信息系统（SIPAM）。

欧洲鲈

European seabass

欧洲鲈（*Dicentrarchus labrax*）作为鲈科家族的成员，是欧洲最早实现商业养殖的非鲑科海洋物种之一。如今，它在地中海和黑海地区已成为最重要的商业养殖鱼种，2020年的产量达到了约270 500吨（粮农组织，2023）。这种掠食性鱼类能够在沿海地区、河口及其他多种水域中生活，展现出对不同盐度环境的强大适应能力（粮农组织，2022h）。

烹饪与营养价值

欧洲鲈作为地中海沿岸高档餐厅的明星食材，以其雪白细嫩的肉质和丰富的维生素B$_{12}$及ω-3脂肪酸而备受赞誉。无论是烧烤、煎炸还是烘烤，它都能展现出精致的风味，为顾客带来无与伦比的美食享受。随着水产养殖业的发展，欧洲鲈以更加实惠的价格进入市场，成为各种节庆餐桌上的理想之选。

当地养殖情况

历史上，欧洲鲈的养殖与沿海地区的晒盐蒸发池以及沼泽地区的盐产业紧密相连，盐在夏季和秋季收获，而鱼类养殖则主要在冬季和春季进行。不过，到了20世纪70年代，法国和意大利进行了技术创新，引领地中海大多数国家开始大规模培育幼鲈，成功收获了数十万尾幼鲈（粮农组织，2022h）。如今，土耳其、西班牙、希腊和埃及已成为该地区最大的欧洲鲈生产国。据粮农组织2023年的数据，2020年四国培育幼鲈总量约为24.5万吨（粮农组织，2023），其中83%来自海水网箱养殖，尽管该物种传统的养殖方式是海水养殖和潟湖养殖。网箱系统依赖海水的自然交换和海水自身特性，通常用于对来自商业孵化场而非野生种群的幼鲈进行集约化养殖。这些网箱通常设计为浮动的圆形或方形框架，下方悬挂网布，可以固定在海岸附近，通过登陆点进入，也可以置于离岸处，仅通过船只抵达。养殖周期通常持续18～24个月，直到鱼类长至市场常见的400～450克大小，再进行收获（粮农组织，2022h）。

© 凯法利尼亚渔业公司

凯法利尼亚渔业公司：
怀着对劳动的热情，从家族产业走向国际舞台

希腊凯法利尼亚岛（Kefalonia）东岸，陡峭海滩与希阿尔戈斯托利湾的海岸线（Gulf of Argostoli）交相辉映，牧场、葡萄园和橄榄园郁郁葱葱。一个多世纪以来，杰鲁拉诺斯家族在此世代传承，他们捕鱼、耕作，以可持续的方式管理着这片海域的自然资源。如今，家族事业的继承人劳拉·巴拉兹·杰鲁拉诺（Lara Barazi-Geroulanou）担任凯法利尼亚渔业公司（Kefalonia Fisheries）的首席执行官。该公司不仅深入爱奥尼亚海（Ionian Sea），更在这片希腊海湾深处率先开展了鲈鱼的养殖工作。

自1981年马里诺斯·杰鲁拉诺斯（Marinos Geroulanos）创立凯法洛尼亚渔业公司以来，鱼类养殖便成为他热爱的事业，融合了农业与渔业两大传统领域的精髓。如今，这一家族企业已传承至第二代，管理、生产和销售部门都展现出紧密协作的企业文化。尤为值得一提的是，公司内有许多女性员工，她们在传统上由男性主导的行业中，开辟出了自己的道路。

该公司始终致力于呈现地中海食材的天然风味，同时坚决减少对当地环境的影响，秉持可持续的经营理念和环保的责任态度，赢得了包括欧盟产品有机认证和水产养殖管理委员会（ASC）在内的多个权威机构认证。

凯法利尼亚渔业公司致力于为欧洲鲈、黄尾鲷等鱼类创造出贴近自然栖息地的养殖环境。公司的围栏设计宽阔且深入水底，养殖空间广阔，鱼群仅占围栏体积的1%，养殖密度远低于传统养殖场，仅为后者的三分之一。此外，养殖场选址于阿尔戈斯托利湾，这里是地中海的分支，河水清澈，未受工业、农业或城市活动的污染，水质优良。在整个生产周期内，公司坚决禁止使用任何添加剂、抗生素或化学物质，确保鱼类遵循自然生长和成熟规律。

© 地中海综合渔业委员会/丹尼尔·吉莱特

"在阿尔及利亚，鱼类深受人们喜爱，不同地区的鱼种和烹饪方式各有特色。其中，蒸粗麦粉配歇尔谢尔汤（Couscous Cherchell）作为阿尔及利亚东部歇尔谢尔（Cherchell）城市的一道经典菜肴，备受欢迎。这道汤以小米为主料，搭配番茄、胡萝卜、土豆、大蒜、孜然和胡椒等多种食材，精心烹制，最后搭配上一片煎鲈鱼，令人回味无穷。"

萨拉·福迪尔（Sarah Fodil），法国保罗·博古斯酒店与厨艺学院烹饪专业学生

© 凯法利尼亚渔业公司

"凯法利尼亚渔业公司的建立宗旨是，
通过创新和可持续的水产养殖方式，保护并
传承岛上的传统生活方式。"

然而，在当地的自然环境中获取可靠的顶级海产品并非易事。凯法利尼亚公司拥有一支经验丰富的科学家团队和受过专业培训的人员，致力于确保陆上孵化场中的鱼类在受精到产卵的过程中能够保持高存活率和繁殖率，以顺利适应海洋环境。在公司开展养殖业务初期，其他希腊养殖场尚未开始养殖鲈鱼或鲷鱼，因此将其他鱼种的养殖经验应用于这两个特定品种显得至关重要。

在过去的40年里，凯法利尼亚渔业公司一直面临着一个挑战，即水产养殖的社会接受度问题。如同其他新兴行业一样，由于部分人对养殖行业的新设施、新技术和产品缺乏了解，导致他们对水产养殖产生了抵触情绪。当地居民可能会担忧水产养殖对沿海其他经济活动（如旅游业）的影响，而海产品消费者也可能存在偏见，认为养殖产品不如野生捕捞的品质优越。

然而，许多像凯法利尼亚渔业公司这样的生产商，凭借其对环境负责的态度和对可持续发展的坚持，已显著减轻了所在地区及全球范围内质疑者的担忧。如今，水产养殖业因能提供就业和发展机会、保护稀缺自然资源并促进粮食安全，被视为当地经济和生态系统的福音，受到世界各地的广泛关注。凯法利尼亚公司已与15个国家的客户建立了稳固的合作网络。

回馈社区与推动可持续水产养殖是凯法利尼亚渔业公司的另一项核心使命。该公司积极向当地学校捐赠教育和实验室设备，并通过举办讲座和组织海滩清洁活动，向年轻学生传授宝贵的环境保护知识。劳拉·巴拉兹·杰鲁拉诺也凭借行业内的突破性成就声名远扬，其赞誉不仅限于小岛，更遍及更广泛的领域。作为希腊水产养殖生产者组织（HAPO）的董事会成员，她于2020年荣膺欧洲水产养殖生产者联合会（FEAP）首位女性主席。

© 凯法利尼亚渔业公司

地区传统与特色食谱

鲈鱼作为地中海菜品的核心食材，其烹饪传统源远流长，可追溯至数千年前。早在公元前4世纪，在西西里岛南部的杰拉镇，被誉为"美食界的达达罗斯"（古希腊神话中一个技艺精湛的工匠）的美食家阿切斯特拉图斯，便盛赞了以无花果叶烤制、佐以橄榄油和醋调味的鲈鱼的口感鲜美绝伦。时至今日，欧洲鲈已成为高档海鲜中的翘楚，常见于沿海地区的高级餐厅，常见的烹饪方式包括整条烤制或去骨切片后煎炸。

克罗地亚/烤鲈鱼

在克罗地亚，人们通常会将整条鲈鱼置于明火上烤制，烤制过程中鲈鱼会散发出诱人的烟熏香气。处理鲈鱼时，首先要去除内脏和鱼鳞，然后在鱼身上轻轻切出几道浅口，以防止烹饪时鱼皮破裂。接下来，用细盐调味并均匀洒上橄榄油。在将鲈鱼放置到火上烤制之前，务必用明火将烤架加热至火红，确保鲈鱼不会粘连。通常，厨师还会搭配用橄榄油烹制的土豆和菠菜作为配菜，最后挤上新鲜的柠檬汁增添风味。

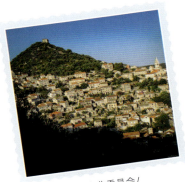

©地中海综合渔业委员会/
克劳迪娅·阿米科

法国/酥皮鲈鱼

©地中海综合渔业委员会/
多米尼克·布尔德内

酥皮鲈鱼是一道源自法国的经典菜肴，由法国名厨保罗·博古斯（Paul Bocuse）精心创制。这道菜的制作过程讲究，首先将整条鲈鱼去鳞去内脏，但保留其头和尾。接着，鱼肉会被精心调味，加入开心果和龙嘴草增添风味。随后，将两片面包精细地切割成鱼形，细致模仿出鱼鳞和鱼鳍的轮廓，再用其包裹住鱼肉，放入烤箱中烘烤至金黄酥脆。最后，将烤好的酥皮鲈鱼切片，搭配以番茄酱和龙蒿调味的法式酱汁（sauce choron）一同享用。

突尼斯/盐蒸白肉鱼配切尔穆拉酱

©地中海综合渔业委员会/
萨比·多雷

在突尼斯的斯法克斯地区，传统的切尔穆拉酱（chermoula）是开斋节上的必备佳肴，用于庆祝斋月的圆满结束。这款酱汁的独特风味源于洋葱酱、水泡葡萄干、橄榄油、孜然、丁香和肉桂的巧妙融合，更添上了乳香树脂（源自乳香树）的独特香气。制作"盐蒸白肉鱼"（Hout Melah）时，首先将白肉鱼（通常是鲈鱼）用盐腌制，随后洗净并蒸熟。这道菜肴的最佳搭配便是这款切尔穆拉酱。值得一提的是，尽管名字相同，但斯法克斯地区的切尔穆拉酱与摩洛哥的酱汁在原料和用途上均不同。摩洛哥的同名酱汁主要由香菜、欧芹、大蒜、辣椒和橄榄油组成，常用于腌制新鲜的鱼类、家禽和蔬菜。

烹饪小技巧

如何处理鲈鱼？

购买鲈鱼时，由于它易于去骨，建议整条购买。在挑选时，可通过观察鱼眼来判断其新鲜程度，新鲜的鱼眼应当是透明且有光泽的。烹饪前，可以在鱼肉的一侧均匀撒上细盐，并用干净的毛巾轻轻把水擦干。这样做不仅能增添鱼肉的口感，还能有效防止在煎炸过程中鱼肉出水。

如何烹饪鲈鱼？

鲈鱼的肉质细腻，过度烹饪容易使其变得干燥。因此，在烹饪时，最好选择煎、烤或烘烤整条鱼或鱼片，而非煮汤或炖菜的方式。在烹饪前，可以在鱼身上轻轻切几道浅口，以防止烹饪过程中鱼皮卷曲或开裂。

如何给鲈鱼调味？

鲈鱼的味道细腻，极易因过度调味而掩盖其原有的风味。因此，推荐采用新鲜的香草和柑橘皮来调味，以替代浓烈的香料。若想要提升鲈鱼的风味，可将鱼头和鱼骨用来熬制高汤，并加入橄榄油来收汁增稠。

以下是和欧洲鲈搭配的最佳食材，可以制作出独特的地中海和黑海风味菜肴。

蔬菜
- 茴香
- 洋蓟
- 番茄
- 洋葱
- 红灯笼椒
- 茄子

水果
- 柠檬
- 橙子
- 柑橘

香草和香料
- 莳萝
- 欧芹
- 百里香
- 牛至
- 马约兰

调味料
- 刺山柑
- 绿茴香
- 茴香籽
- 孜然
- 辣椒粉
- 藏红花
- 橄榄

肉类和乳制品
- 干火腿
- 菲达奶酪

谷物、豆类和坚果
- 杏仁
- 松仁
- 鹰嘴豆
- 大米
- 杜兰小麦粉

面包皮烤鲈鱼和西西里炖杂菜，搭配橄榄油和番茄调味汁

这道菜以传统的西西里炖杂菜（caponata）为鲈鱼的馅料，馅料由茄子、番茄、橄榄和刺山柑精心调配而成。烘烤时，鲈鱼外层巧妙地包裹了一层面包皮，以确保鱼肉在烹饪过程中保持柔软湿润的口感。此外，为了增添鲜味和酸味，菜品还搭配了特制的橄榄和番茄调味汁，其灵感来源于法国南部的处女酱（vierge）。

类型：
主菜
份数：
4 人份
准备时间：
30 分钟
烹饪时间：
50 分钟

所需厨具

- 砧板
- 不粘锅
- 鱼骨镊
- 剪刀
- 保鲜膜
- 搅拌碗
- 毛巾
- 擀面杖
- 烤盘

所需食材

西西里炖杂菜

- 2 个茄子
- 2 根芹菜
- 6 颗番茄干
- 1 颗白洋葱
- 1 汤匙特级初榨橄榄油
- 1 罐刺山柑
- 1 罐去核青橄榄
- 1 把罗勒
- 盐和胡椒

鲈鱼

- 2 块鲈鱼

面包皮

- 350 克中筋面粉（T55 型）
- 10 克细盐
- 15 克新鲜的面包酵母
- 200 毫升水
- 10 克百里香

橄榄和番茄调味汁

- 2 个番茄
- 1 把香葱
- 2 瓣大蒜
- 1 把罗勒
- 2 汤匙塔吉亚斯卡橄榄汁
- 1 个柠檬的汁液
- 2 汤匙特级初榨橄榄油
- 盐和胡椒

制作步骤

西西里炖杂菜

将茄子、芹菜、番茄干和洋葱切成丁。先在平底锅中加入橄榄油，油热后煎制洋葱。随后放入茄子、芹菜和番茄，调小火慢煮约25分钟，直至茄子变软。接着，加入刺山柑、绿橄榄和罗勒叶，并撒上适量的盐和胡椒调味。晾凉备用。

鲈鱼

首先去除鲈鱼的鳞片、鳍和鳃，然后去掉脊骨，但要确保鱼身保持完整，鱼身与鱼头和鱼尾相连。接着用冷水仔细冲洗鱼身，将预先准备好的馅料填入鲈鱼的腹腔中，随后用保鲜膜紧紧包裹，放入冰箱冷藏。

面包皮

在碗中混合面粉和盐，确保均匀无颗粒。随后加入酵母、水和百里香，用手揉搓5分钟直至面团光滑有弹性。接着，用毛巾覆盖面团，于室温下静置30分钟进行醒发。醒发完成后，将面团均匀分成两份，分别擀成厚约1厘米的鱼形面片。接着，将鲈鱼平放在第一张面片上，再用第二张面片覆盖，确保鲈鱼被完全包裹。用叉子沿着边缘将两张面片压紧封口。将烤箱预热至180℃，然后将包好的鲈鱼放入烤箱中烘烤25分钟，直至表面呈现金黄色即可。

橄榄和番茄调味汁

在烤制鲈鱼时，首先需要将香葱和大蒜剥皮并切碎，番茄也切成小块，罗勒叶洗净后切碎。接着，在碗中混合切好的番茄、香葱、大蒜、罗勒、橄榄汁，并加入柠檬汁和特级初榨橄榄油，搅拌均匀。最后，用适量的盐和胡椒进行调味。

摆盘

将烤好的酥皮鲈鱼切片，淋上调配好的橄榄和番茄调味汁。

营养成分表

	每100克	每份配方
热量	418千焦	9 498千焦
蛋白质	4.2克	94.9克
碳水化合物	13.5克	306.0克
纤维	2.4克	53.9克
糖	1.7克	37.6克
脂肪	2.6克	59.4克
饱和脂肪	0.4克	9.5克
钠	324毫克	7 315毫克

虹鳟

Oncorhynchus mykiss

〜〜〜〜〜〜〜〜〜〜〜〜〜〜〜〜〜〜〜〜〜〜

地中海和黑海地区生产的虹鳟

拉丁学名：*Oncorhynchus mykiss*

科：鲑科

年均产量（2016—2020年）：
约259 000吨

虹鳟产量排名前三的国家：
土耳其、俄罗斯、法国

淡水养殖占比96%，海水养殖4%。

口感细腻，是烹饪中最受青睐的鳟鱼
品种。

资料来源：联合国粮农组织渔业及水产养殖业司，2023。全球
水产养殖产量（1950—2020年）。fao.org/fishery/statistics-
query/en/aquaculture/aquaculture_quantity

数据基于地中海综合渔业委员会（GFCM）的促进地中海水产养
殖信息系统（SIPAM）。

虹鳟

Rainbow trout

　　虹鳟（*Oncorhynchus mykiss*）是全球范围内人工养殖最为普遍的鳟鱼品种。自19世纪起，虹鳟便因其强健的体质、较快的生长速度、易于繁殖的特性以及对不同环境条件的强耐受性，在全球水产养殖产业中深受养殖人员的喜爱（粮农组织，2022i；Woynarovich等，2011）。虹鳟体色呈橄榄绿色，两侧各有一条醒目的粉红色纵纹以及一些小黑点。为了确保虹鳟的健康成长，水质管理至关重要，因此，虹鳟也被视为水域健康状况的重要指示生物（Pander等，2009）。

烹饪与营养价值

地中海和黑海地区的人们通常喜爱食用鳟鱼。其中，虹鳟以其细腻的口感而备受赞誉，成为烹饪中最受欢迎的鳟鱼品种之一。它不仅是 ω-3 脂肪酸的优质来源，还含有丰富的矿物质。此外，虹鳟还是一种"半肥鱼"，脂肪含量适中，大约在3% ～ 10%。经过处理后，整条虹鳟可以填入馅料烤制，也可裹上盐或面包皮后再进行烤制。鱼排则可以腌制并烟熏，随后切成薄片，与烤面包片一同享用。

当地养殖情况

虹鳟原产于北美太平洋流域，之后被引入除南极洲外的全球各大洲进行水产养殖。自20世纪50年代引入颗粒饲料后，其产量得到了显著提升（粮农组织，2022i）。目前，地中海和黑海地区虹鳟的主要生产国包括土耳其、俄罗斯、法国和意大利，四国在2020年的总产量达到了约26.5万吨（粮农组织，2023）。虹鳟通常通过自然繁殖方式进行密集养殖，主要养殖系统采用长形混凝土水槽，也称为"水道"或"池塘"，有时也使用养殖网箱和循环系统。

由于虹鳟在水产养殖系统中不会自然产卵，因此需要人工对优质种鱼进行辅助产卵，这是其生产周期的开始（粮农组织，2022）。由于卵中含有抗氧化剂和类胡萝卜素，这些鱼卵呈现黄橙色（Craik，1985）。鱼卵的孵化在孵化槽中完成，孵化时间因温度而异，通常需要21～100天。当幼鱼长到8～10厘米成为仔鱼时，它们会被转移到养殖设施中，达到市场供应标准通常需要9个月的时间，此时生产者便可以开始捕捞。在捕捞过程中，应尽量将鱼的应激反应降至最低。

土耳其库祖格鲁水产养殖公司：
回乡创业，为卡格拉扬注入振兴新活力

·土耳其卡格拉扬山谷（Çağlayan Valley）拥有凉爽的高地水域，为鳟鱼养殖提供了得天独厚的环境。这一家乡优势吸引了曾在美国从事旅游业的哈桑·库祖格鲁（Hasan Kuzuoğlu）的注意。他曾在工作中替老板从智利进口鲑鱼，对全球鱼市场需求有着深刻的理解。凭借前瞻性的眼光和敏锐的商业洞察力，库祖格鲁决定回到卡格拉兰山谷，重新激活家族闲置的养殖场，并将业务重心转向鲑鱼和鳟鱼的养殖。

2011年，他成功为该养殖场引入了大量投资，并建立了首个大型综合养殖设施。那一年，鳟鱼的产量达到了3吨。随后的一个季节，产量迅速攀升至25吨，之后的几年产量更是稳步增长，分别达到75吨、150吨和500吨。至2022年，养殖场鳟鱼的年产量已高达15 000吨，其优质产

"客户的信任和满意是我们持续前行的动力源泉。"

© 库祖格鲁水产养殖公司

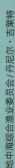

© 地中海综合渔业委员会/丹尼尔·吉莱特

"在黎巴嫩，海鲜和鱼类，尤其是鳟鱼，是常见的食材。其中，萨雅迪耶（sayadieh）是一道备受欢迎的当地菜肴，其制作方法是：将鳟鱼放入烤箱中烤至金黄酥脆，再淋上柠檬汁增添风味。随后，将用姜黄、香菜和肉桂等多种香料精心煮制的大米与烤好的鳟鱼搭配，最后点缀上焦糖洋葱增添口感。此外，这道菜还会配以沙拉和塔拉托尔芝麻酱（tarator），使整道菜肴更加丰富多彩。"

查登·齐亚德（Chaden Ziadeh），法国保罗·博古斯酒店与厨艺学院烹饪专业学生

© 库祖格鲁水产养殖公司

品赢得了十多个国家消费者的认可。该养殖场主要生产虹鳟，市场上常称其为"土耳其鲑鱼"，仅2022年其产量就高达13 500吨，成为养殖场最为核心的产品。

库祖格鲁对工厂先进的设施深感自豪，这些设施占地5 000平方米，配备了多个专业团队，负责全程监督生产过程。每天，这套设备能高效便捷地处理120吨鱼类产品，包括去内脏、切片和熏制等工序。

在生产过程中，该企业始终将环境影响纳入考量，并坚定遵循可持续发展的原则。除了沿用传统的养鱼方法外，库祖格鲁还积极引进并不断优化循环水养殖系统。这些系统能有效过滤和循环养殖用水，大幅减少对清洁水资源的依赖，同时确保为鱼类创造适宜的生长环境。在废物处理环节，该企业同样秉持可持续发展的理念，通过公司自己的废物加工厂将剩余材料转化为鱼粉，并对无法回收的液体废物进行妥善处理。

为了坚持可持续发展的道路，该公司当前正致力于扩大现有的网箱规模及设备容量。与此同时，公司深刻认识到提高水产养殖的社会接受度至关重要，因为这不仅能促进国内对产品需求的增长，还能吸引更多的投资。

黎巴嫩 Aquafarm 水产养殖场：
借助循环系统，实现自给自足

在卡格拉扬山谷至黎巴嫩海岸之间，我们发现了一家名为 Aquafarm 的水产养殖场。该养殖场致力于提升水产养殖的可持续性，并推动该地区水产养殖项目的发展。

黎巴嫩 Aquafarm 水产养殖场由马萨德·艾贝（Massaad Ejbeh）于 2001 年创立，起初专注于罗非鱼和鲇鱼的养殖。两年后，他们成功将业务范围扩展到虾类养殖，并取得成功，这使艾贝决定将虾类养殖作为水产养殖场的主要业务。在接下来的 15 年里，艾贝及其团队致力于为当地市场提供健康、实惠的蛋白质来源。然而，2019 年黎巴嫩经济危机的爆发给水产养殖场带来了前所未有的挑战，艾贝和他的团队不得不开始重新审视和调整自身的业务模式。

为了实现他们的计划，他们首先在虾类养殖业务中引入了鳟鱼、鲻鱼和鲑鱼，并恢复了罗非鱼的生产。接下来，他们致力于提高企业的自给自足能力，以更好地应对成本上涨和资金短缺的挑战。为此，他们计划建立一个内部饲料加工厂，确保稳定且

"我们怀揣着实现全面自给自足的梦想，并期望通过养殖场的各项生产活动，构建一个可持续的农业循环系统。"

© 黎巴嫩 Aquafarm 水产养殖场

低成本的饲料供应，减少对进口的依赖。同时，他们还把水泵的动力来源从石油转向可再生能源。

这些举措都围绕着可持续发展的核心理念展开。转向可再生能源不仅提高了其自给自足的能力，还有效减少了排放。在饲料加工厂方面，Aquafarm 水产养殖场坚持使用天然成分，其中许多材料直接来源于养殖场本身。此外，艾贝及其团队还积极改进养殖场的废物管理，将鲑鱼加工过程中产生的废弃物转化为鲑鱼油和鲑鱼粉，用于生产宠物食品。

鉴于黎巴嫩持续的财政危机、政治不稳定以及成本不断上涨的困境，艾贝正积极构建一个完全自给自足的养殖场。他构想了一个循环系统，其中所有项目和活动都紧密相连，并在可持续发展的框架下高效运作。艾贝的目标是通过这些举措确保 Aquafarm 水产养殖场的未来发展，持续为当地提供就业机会和健康实惠的食物，同时成为该地区可持续发展的典范。

地区传统与特色食谱

　　鳟鱼的英文"trout"源自希腊语的"troktis"，意为"贪婪的鱼"。古希腊人和罗马人早已精通烟熏鳟鱼片的技术，这种技术既有助于鱼的保存，又能增添风味。如今，人们更倾向于选择烟熏鳟鱼作为烟熏三文鱼的替代品，以此支持地中海和黑海河流中捕捞的鱼类，而非依赖从北欧进口的鱼类。新鲜的鳟鱼可煎、可烤，亦可搭配各式酱料享用，还是烹制汤品的绝佳食材。

意大利/瓦莱达奥斯塔传统鳟鱼

　　这道传统食谱源自阿尔卑斯山脉的瓦莱达奥斯塔地区，主要原料是当地河流中新鲜捕获的鳟鱼。制作时，先去除鳟鱼内脏并冲洗干净。接着，将胡萝卜、芹菜和洋葱切成小丁，与鼠尾草和迷迭香一同放入煎锅炒至金黄色。随后，放入鳟鱼煎至两面金黄。接着，倒入白葡萄酒醋，加入鱼汤，同时放入葡萄干和柠檬皮继续焖煮调味。待鱼肉完全熟透后，将汤汁收至浓稠，加入黄油，乳化后作为酱汁，与鳟鱼一同食用。

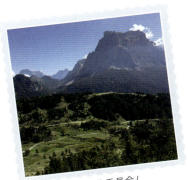

©地中海综合渔业委员会/
克劳迪娅·阿米科

©地中海综合渔业委员会/
多米尼克·布尔德内

摩洛哥/鳟鱼布里瓦特饼（Trout briouates，一种酥皮馅饼）

　　这道菜在土耳其名为布里奥特（brioute），黎巴嫩称为布贝克（boubek），突尼斯则叫做布里克（brique）。这一小吃常以碎肉为馅，是家庭庆祝活动的常见美食。在摩洛哥阿特拉斯山脉（Moroccan Atlas Mountains）地区，馅料是当地河流养殖的虹鳟。虹鳟经熏制后，与新鲜奶酪混合，再用薄饼皮包裹，烤至金黄酥脆。最后搭配上生菜和柠檬片一同食用。

斯洛文尼亚/荞麦玉米粉裹鳟鱼

©地中海综合渔业委员会/
多米尼克·布尔德内

这道传统菜肴最初采用当地索斯卡河（Soška River）中濒临灭绝的大斑鳟为原料，现在则以虹鳟代替。制作时，需先将鱼的内脏和鳞片处理干净，接着裹上荞麦和玉米粉。然后，在适宜的温度下煎至鱼肉熟透，表面呈现出金黄酥脆的外壳。最后，搭配柠檬片、土豆和菠菜一同享用。

烹饪小技巧

如何处理鳟鱼？

鳟鱼可以采用多种方式烹饪，既可以生食，也能明火整烤。其中，一种常见的烹饪方法是在鱼腹中填入蔬菜或摩士达荷兰汁（mousseline）。为了防止烹饪过程中馅料溢出，可以先用保鲜膜将鱼包裹起来，然后放入小火中煮30秒。随后取下保鲜膜，继续煎制或烤制至熟即可。

如何烹饪鳟鱼？

鳟鱼肉质鲜美且厚实，因此相较于一般白肉鱼，更能经受长时间的烹饪。这一特性让鳟鱼拥有了多种烹饪方式，无论是烤、煎、炸，还是将其包裹在盐、面包或糕点皮中烤制，都能展现出其独特的美味。此外，鳟鱼还可以先用盐、糖和香料腌制，然后搭配面包切片生食。

如何给鳟鱼调味？

鳟鱼香气四溢，与茴香、绿茴香或莳萝等调味香草和蔬菜搭配堪称完美。此外，加入香料、坚果和干果煲汤，也是一道风味独特的佳肴。煮熟后，鳟鱼皮可用橄榄油炒，以此提升鱼肉的风味，接着撒上香料粉制成浇头，为整道菜肴增添丰富的层次感。

以下是和鳟鱼搭配的最佳食材，可以制作出独特的地中海和黑海风味菜肴。

蔬菜
- 大蒜
- 红葱
- 番茄
- 芦笋
- 洋葱

水果
- 柠檬
- 葡萄
- 苹果
- 梨
- 柑橘
- 杏

香草和香料
- 龙蒿
- 小芹菜
- 月桂叶

调味料
- 刺山柑
- 香草
- 芥末
- 杜松子
- 醋

肉类和乳制品
- 奶油奶酪
- 生火腿

谷物、豆类和坚果
- 杏仁
- 胡桃
- 绿豆

烤鳟鱼搭配鼠尾草、西葫芦和核桃调味料

类型：
开胃菜
份数：
4 人份
准备时间：
15 分钟
烹饪时间：
40 分钟

这道菜巧妙地将鼠尾草的草木香气融入鳟鱼鲜嫩的肉质中，相得益彰。烹饪时，先在锅中铺上一层小土豆，再将整条鱼放置在小土豆上烘烤。最后，搭配细碎的西葫芦丁和核桃碎一同享用。

所需厨具
- 砧板
- 烤盘
- 鱼骨镊
- 搅拌碗

所需食材

腌土豆
- 500 克小土豆
- 2 瓣大蒜
- 2 根鼠尾草茎
- 4 汤匙特级初榨橄榄油
- 盐和胡椒

鼠尾草烤虹鳟
- 1 条虹鳟
- 2 瓣大蒜
- 2 根鼠尾草茎
- 盐和胡椒
- 2 汤匙特级初榨橄榄油

西葫芦核桃调味料
- 2 头红葱
- 1/2 束罗勒
- 2 个西葫芦
- 一把核桃
- 3 汤匙特级初榨橄榄油
- 盐和胡椒

© 地中海综合渔业委员会/尼古拉斯·维利翁

制作步骤
• • • • • • • • •

腌土豆

将土豆清洗干净，如果土豆较大，则切成两半。接着，将它们与大蒜、鼠尾草和橄榄油一同放入大烤盘中，并用盐和胡椒进行调味。

鼠尾草烤虹鳟

将鱼彻底洗净，去除鳞片、鳃和鳍，并再次冲洗以确保清洁。在鱼皮上轻轻划几刀，以防烹饪时鱼皮开裂。接着，将蒜瓣和鼠尾草塞入鱼腹，再均匀撒上盐和胡椒调味，最后淋上一些橄榄油增添风味。将处理好的鳟鱼放在预先准备好的土豆上，然后将它们放入预热至180℃的烤箱中，烤制约40分钟。

西葫芦核桃调味料

在鳟鱼烘烤期间，您可以开始准备配菜。将红葱剥皮后切碎，罗勒切碎，西葫芦切成细丁，核桃切成小块。接着，将这些切好的食材——红葱、罗勒、西葫芦丁、核桃块，同橄榄油一同放入碗中混合均匀，并用盐和胡椒调味。

摆盘

在土豆铺上鳟鱼，最后铺上西葫芦核桃调味料。

营养成分表

	每100克	每份配方
热量	552千焦	13 359千焦
蛋白质	7.1克	172.0克
碳水化合物	3.8克	92.1克
纤维	1.6克	39.2克
糖	2.7克	64.9克
脂肪	9.4克	226.2克
饱和脂肪	1.3克	32.3克
钠	58.6毫克	1 417毫克

太平洋牡蛎

Magallana gigas

位于地中海和黑海地区的太平洋牡蛎

拉丁学名：*Magallana gigas*

科：牡蛎科

年均产量（2016—2020年）：
约84 800吨

太平洋牡蛎产量排名前三的国家：
法国、西班牙、摩洛哥

海水养殖占比99%，咸水养殖占比1%。

历史悠久，是该地区的珍贵物种，更是
节日的绝佳选择。

资料来源：联合国粮农组织渔业及水产养殖业司，2023。全球
水产养殖产量（1950—2020年）。fao.org/fishery/statistics-
query/en/aquaculture/aquaculture_quantity

数据基于地中海综合渔业委员会（GFCM）的促进地中海水产养
殖信息系统（SIPAM）。

太平洋牡蛎

Pacific oyster

　　太平洋牡蛎（*Magallana gigas*）是牡蛎科中最知名的品种，同时也是全球养殖量最大的双壳类动物，其显著特点在于生长迅速且适应多种环境条件。这使养殖者能够在以往不适宜牡蛎养殖的区域成功建立养殖场，进而极大地推动了当地水产养殖业的发展，尤其是法国水产养殖业的蓬勃发展（粮农组织，2022j；Turolla，2020）。此外，太平洋牡蛎的养殖还有助于缓解野生种群数量严重减少的问题（粮农组织，2022j）。

烹饪与营养价值

牡蛎作为一种广受欢迎的软体动物，常在欧洲的圣诞节、新年等节日盛宴中亮相。其肉质细腻，带有坚果般的风味和独特的碘香。这种海鲜生物富含蛋白质、氨基酸、维生素和矿物质，生食时搭配柠檬汁或醋可增添风味，亦可选择加热食用，如水煮、焗制或油炸等多种方式。如今，牡蛎已成为高档餐厅的创意源泉，为厨师们提供了开发新颖配料组合和烹饪方法的灵感。

当地养殖情况

尽管太平洋牡蛎起源于日本附近的水域，但现在可以在从斯堪的纳维亚半岛到北非的东北大西洋沿岸，以及地中海和黑海找到它（Alvarez等，1989）。该地区的生产可以追溯到罗马帝国时期（Günther，1897），当时牡蛎从其天然产地被运到意大利南部海岸的咸水湖，用以构建人工礁石，促进采捕作业（Bardot-Cambot和Forest，2013）。直到20世纪下半叶，太平洋牡蛎养殖才在全球范围内实现现代意义上的大规模扩张（Botta等，2020）。今天，该地区的牡蛎养殖集中在法国，占产量的90%以上（EUMOFA，2022）。然而，牡蛎生产计划正在迅速蔓延到整个地区，这使得在该地区许多国家的餐馆和市场都能找到牡蛎。

养殖方法虽因环境而异，但通常始于牡蛎幼苗的获取。在全球范围内，牡蛎幼苗主要通过自然孵化方式收集，然而，随着牡蛎养殖场的增多，许多养殖者选择从专门的牡蛎孵化场购买幼苗。确定幼苗供应渠道后，即可开始养殖。养殖主要在海上进行，方法多样，包括底部养殖、离底养殖、悬挂养殖和漂浮养殖等。虽然牡蛎的壳长可以达到约10厘米，但太平洋牡蛎在壳长超过6厘米时便可收获并上市销售。

瓦伦西亚牡蛎养殖公司：
以特色牡蛎吸引众多名厨

西班牙瓦伦西亚（Valencia）的每一家米其林星级餐厅都拥有一个共同的特点：那就是所使用的牡蛎均源自瓦伦西亚牡蛎养殖公司（Ostras de Valencia）。这些牡蛎不同于当地其他品种，它们生长在深海之中，经过精心培育与细致处理，被誉为"瓦伦西亚之珍"。其大小适中、形态优美、口感卓越，是当地厨师首选的烹饪食材。

> "公司始终致力于提供独一无二的高质量产品。"

© 瓦伦西亚牡蛎养殖公司

这一成功经验尤为引人注目，因为这家企业成立于2007年，成立时间尚不到20年。其生产理念的雏形来自经验丰富的渔民塞萨尔·戈麦斯（César Gómez）。他凭借自己多年的专业知识，在埃布罗三角洲（Ebro Delta）地区开展牡蛎养殖，仅用三年时间便成功扩大了该地区的养殖业务。到了2010年，他选择将养殖重心转移到家乡瓦伦西亚港口附近，并创新了养殖方式，利用贝类生产托盘进行牡蛎养殖。由于当地水域品质上乘、气候条件优越，适宜养殖巴伦西亚蛤蜊（*Mytilus galloprovincialis*）——一种地中海贻贝，因此他对培育新品种优质牡蛎信心满满。然而，鉴于这一养殖规模和养殖方式在瓦伦西亚港口地区前所未有，要让当地厨师接受并认可瓦伦西亚牡蛎的质量，确实需要一番努力。但厨师们品尝了这些牡蛎后，便迅速认可了其高品质，纷纷把握机会，将其纳入地区顶级餐厅的菜单中。

传统上，西班牙生产商倾向于选择欧洲扁牡蛎（*Ostrea edulis*）作为主打品种，但瓦伦西亚团队渴望推出一款独具特色且品质上乘的产品。因此，他们转向了太平洋牡蛎。这种牡蛎虽原产于太平洋，却早已在欧洲水域找到了归宿。相较于欧洲扁牡蛎，太平洋牡蛎肉质更为丰满，外壳形状更为尖锐，味道则更为清淡。在法国烹饪界

© 瓦伦西亚牡蛎养殖公司

© 瓦伦西亚牡蛎养殖公司

得到广泛应用后，太平洋牡蛎在全球范围内赢得了极高的声誉，厨师们对其精致的味道和类似蔬菜的口感情有独钟。

瓦伦西亚牡蛎养殖公司的创新优势体现在其新颖的养殖地点、养殖品种以及独特的生产工艺上。这个由七人组成的团队，从牡蛎苗种到最终收获，全程采用手工操作，确保每只牡蛎都得到精心照料。他们首先从法国精心挑选出米粒大小的高质量牡蛎幼苗，随后在养殖笼中培育4个月，直至达到合适的大小。之后，这些幼苗会被播种到瓦伦西亚港口架子下悬挂的绳子上进行养殖。自2010年运营以来，这一养殖方式一直未变，但最

近他们对托盘进行了改进，扩大了操作范围并增加了额外的支撑板，使整个养殖过程更加便捷和高效。

牡蛎在水中约一年时间。其间，公司不添加任何化学产品或饲料，而是让牡蛎自然摄取水中的浮游植物为生，以此实现自然生长。这种做法不仅有助于牡蛎的壳、肉质和色泽达到最佳状态，同时也极大地降低了对周围环境的负面影响，从而提升了养殖的可持续性。

2010年，塞萨尔·戈麦斯首次在瓦伦西亚港开展牡蛎养殖业务。经过多年发展，如今养殖场地面积已扩大至900平方米，年产量高达3吨。然而，他们并未满足于此，计划进一步拓展业务，包括增设新的设施和船只、招募更多员工，以及持续扩大经营规模，旨在提升产量，满足国内市场需求，并继续为餐馆和市场供应优质牡蛎。

© 瓦伦西亚牡蛎养殖公司

© 地中海综合渔业委员会/丹尼尔·吉莱特

"在法国南部，我们热衷于用红酒醋、黑麦面包和咸黄油来搭配牡蛎。此外，我们还有一种广受欢迎的节日美食做法，就是将蛋黄、香槟、黄油和奶油混合搅拌成绵密丝滑的酱汁，淋在带壳的牡蛎上，最后放入烤箱烘烤五分钟。"

丽莎·巴尔博特（Lisa Barboteu），法国保罗·博古斯酒店与厨艺学院烹饪专业学生

地区传统与特色食谱

　　古罗马人、凯尔特人和希腊人均对牡蛎赞誉有加，当时人们常食用它。中世纪法兰西瓦卢瓦王朝的宫廷厨师吉约姆·蒂雷尔（Guillaume Tirel）在多本烹饪书中描述了牡蛎在宴会和狂欢活动中的烹饪方法。牡蛎作为欧洲国家冬季节日的传统美食，常与白葡萄酒或香槟搭配，以突显其独特风味。

法国/欧芹蒜泥烤牡蛎

　　在法国，牡蛎是圣诞节和跨年夜的传统开胃菜，常搭配白葡萄酒、烤吐司或黑麦面包享用。部分家庭偏好将牡蛎加热后，佐以法式欧芹蒜泥调味料。制作时，先打开牡蛎并洗净，再将干面包低温烤制后，与新鲜欧芹叶和蒜泥混合制成酱料。牡蛎裹上面包屑放在壳中，再放一块黄油，烤至金黄色即可。

©地中海综合渔业委员会/
多米尼克·布尔德内

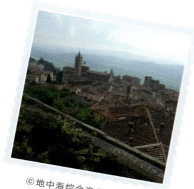

©地中海综合渔业委员会/
克劳迪娅·阿米科

意大利/牡蛎汤

　　在意大利，牡蛎常用于制作一道经典的圣诞汤。首先，将意大利熏肉、洋葱、芹菜和韭菜炒软，再将番茄和辣椒焯水。同时准备新鲜的香草和土豆，随后将所有食材一同放入肉汤中，小火慢炖至土豆熟透。接着处理牡蛎，需打开牡蛎，挤出汁液并过滤掉贝壳残渣，再将牡蛎的汁液加入锅中。待蔬菜煮好后，关火，上桌前放入牡蛎，利用余温将其烫熟即可享用。

西班牙/香槟烤牡蛎

©地中海综合渔业委员会/
克劳迪娅·阿米科

这是一道具有西班牙特色的节日食谱，它将牡蛎与西班牙卡瓦起泡酒（cava）巧妙结合。首先，将洋葱和红葱切碎，在平底锅中煎炒出香味，随后加入卡瓦起泡酒。接着，加入奶油和少量现磨黑胡椒调制出浓郁酱汁。将牡蛎打开，冲洗干净后，浇上酱汁。在浇酱汁之前，你还可以选择在牡蛎上放上番茄丁增添口感。最后，将牡蛎放在烤架上烤制即可。

烹饪小技巧

如何处理牡蛎？

开牡蛎时要掌握正确技巧，否则容易受伤。建议使用专用的开贝短刀，并用一块厚毛巾覆盖牡蛎，确保手部安全。如果发现牡蛎内含有沙粒，可以将液体倒掉，然后用冷水冲洗。另一种简便的开牡蛎方法是先蒸20秒，然后稍微用力撬，牡蛎壳便会自然张开。

如何烹饪牡蛎？

牡蛎常作为生腌美味压轴上桌，但加热食用同样是一道美味的海鲜佳肴。它与贻贝相似，适合煎、裹粉炸或用于炖菜。由于牡蛎熟得很快，因此备受当地人喜爱。然而，烹饪时间过长会导致肉质变硬。在煲汤时，加入牡蛎后需要特别留意避免让汤沸腾。

如何给牡蛎调味？

牡蛎生食与熟食的味道截然不同，搭配的食材也应随之变化。生食时，建议用柠檬、青苹果或醋等酸性食材增添风味；而熟食时，则可选用番茄酱、炒韭菜或烟熏辣椒等较为温和的调味品来搭配。

以下是和太平洋牡蛎搭配的最佳食材，可以制作出独特的地中海和黑海风味菜肴。

蔬菜
- 红葱
- 韭菜
- 菠菜
- 黄瓜

水果
- 柠檬
- 酸橙
- 石榴
- 苹果
- 葡萄柚
- 梨

香草和香料
- 欧芹
- 韭菜
- 青蒿

调味料
- 醋
- 白葡萄酒
- 黑胡椒
- 刺山柑

肉类和乳制品
- 奶油
- 牛肉

谷物、豆类和坚果
- 意大利撒丁岛
小面粉

牡蛎桃子番茄塔塔

类型：
开胃菜
份数：
4 人份
准备时间：
20 分钟
烹饪时间：
20 分钟

　　以塔塔的形式呈现牡蛎，相较于生食，更能让大众领略其独特风味。这道佳肴巧妙地将牡蛎的碘香、桃子的甜美与番茄的清新融为一体，再点缀上菲达奶酪与烤杏仁，更添美味。

所需厨具

- 牡蛎刀
- 砧板
- 碗
- 搅拌碗

所需食材

牡蛎、桃子和番茄沙拉

- 8 只太平洋牡蛎
- 2 个红番茄
- 1 个黄番茄
- 1 个黄桃
- 2 片薄荷叶
- 1 个有机柠檬的皮和果汁
- 2 汤匙特级初榨橄榄油
- 盐和胡椒

顶料

- 1 把杏仁
- 1 汤匙菲达奶酪

制作步骤
· · · · · · · · · ·

牡蛎、桃子和番茄沙拉

　　使用牡蛎刀轻轻打开牡蛎，将其放入冷水中洗净，确保去除所有贝壳残留。将洗净的牡蛎肉切成小块，放入碗中，然后放入冰箱冷藏。同时，将牡蛎壳清洗干净并晾干备用。将桃子和番茄切成细丁，薄荷切碎备用。接着，取一个大碗，将冷藏的牡蛎肉、切好的番茄和桃子、切碎的薄荷以及柠檬皮碎屑、柠檬汁和橄榄油一同放入碗中，充分混合均匀。最后，根据个人口味加入适量的盐和胡椒进行调味，然后将混合好的牡蛎塔塔酱再次放入冰箱冷藏。

顶料

　　烤箱预热至170℃，放入杏仁烘烤10分钟，出锅后切碎。菲达奶酪也切成小块备用。

摆盘

　　将沙拉均匀铺到干净的牡蛎壳中，撒上碎杏仁和菲达奶酪碎即可享用。

营养成分表

	每100克	每份配方
热量	302千焦	4 644千焦
蛋白质	5.2克	79.4克
碳水化合物	3.9克	59.3克
纤维	0.7克	10.9克
糖	1.6克	25.1克
脂肪	3.8克	57.8克
饱和脂肪	0.7克	10.9克
钠	323毫克	4 971毫克

欧洲鳇

Huso huso

地中海和黑海地区的欧洲鳇

拉丁学名：*Huso huso*

科：鲟科

年均产量（2016—2020年）：
约14吨

欧洲鳇产量最大的国家：
保加利亚

淡水养殖占比98%，咸水养殖2%。

欧洲鳇不仅以美味的鱼子酱闻名于世，其鱼肉本身也极为健康，烹饪方式丰富多样，是家庭餐桌上的理想选择。

资料来源：联合国粮农组织渔业及水产养殖业司，2023。全球水产养殖产量（1950—2020年）。fao.org/fishery/statistics-query/en/aquaculture/aquaculture_quantity

数据基于地中海综合渔业委员会（GFCM）的促进地中海水产养殖信息系统（SIPAM）。

欧洲鳇

Beluga sturgeon

　　鲟鱼被誉为"活化石"，是世界上最古老的淡水鱼之一，其起源可追溯至2至2.5亿年前。与其他物种相比，鲟鱼在几个方面存在显著差异：其骨骼由软骨而非硬骨构成，寿命可超过100岁，且体长能达6米以上（世界自然基金会，2020；粮农组织，2013）。鲟科包含27个物种，其中7个为黑海特有，如欧洲鳇（*Huso huso*），还有部分种类为地中海本地物种（粮农组织，2013）。然而，目前野生鲟鱼种群正面临灭绝的威胁。因此，为确保鲟鱼肉和鱼子酱的可持续供应，水产养殖成为唯一途径，鲟鱼养殖已在多地逐渐展开。

烹饪与营养价值

　　鲟鱼起源于地中海和黑海北部地区，历史悠久，其鱼子作为鱼子酱的优质来源，备受人们喜爱。鲟鱼肉质紧密且呈粉红色，适合多种烹饪方式，如明火烤制、煎炒或熬汤，能制作出各种美味佳肴。此外，鱼肉富含蛋白质和维生素B$_3$，是家庭每周食谱的优选食材。而鱼片经过腌制和烟熏处理后，不仅可以延长保存时间，还能开发出独特的风味。

当地养殖情况

　　在地中海和黑海地区，由于过度捕捞和污染问题，许多鲟鱼物种面临灭绝的危机。水产养殖不仅为鱼子酱的增产提供了途径，还为鲟鱼数量锐减的地区带来了重新引入鲟鱼的机会。据粮农组织2023年数据显示，2020年地中海和黑海地区的各种鲟鱼产量，包括白鲟在内，已超过7 000吨，产量较高（粮农组织，2023）。

其中，俄罗斯和意大利是主要的生产国，两国的产量合计占该地区鲟鱼总产量的80%以上（粮农组织，2023）。

　　鲟鱼作为一种洄游性鱼类，需要在咸水和淡水之间进行洄游以进行繁殖。在水产养殖中，可根据不同的养殖方案进行管理，如让鲟鱼在淡水中度过整个生命周期，或在淡水中养殖后再转移到盐度更高的环境。

然而，包括欧洲鳇在内的许多鲟鱼品种存在性成熟缓慢的问题，如欧洲鳇通常需要在水产养殖场养殖16～18年才能达到性成熟（欧洲渔业和水产养殖市场观察站，2021）。为了应对这一问题，现代技术如超声波等被用于评估鲟鱼生殖器官的发育情况，并在确保母体健康的情况下提取雌鱼的鱼子。

作为鲟鱼的发源地，黑海地区也在积极开展工作，旨在进一步发展鲟鱼的水产养殖，并将这些品种重新引入野外环境（Massa等，2021）。

吉亚维里鱼子酱公司：
珍稀古鱼，智慧与耐心共育美味传奇

在文艺复兴时期，波河及其支流所产的鲟鱼，因其细腻的肉质和能制成珍稀的鱼子酱而深受意大利人的喜爱和推崇。据说，教皇的御厨曾使用这种特殊鱼种创作食谱，而画家们更是以其高超的技艺将鲟鱼描绘于画布之上。甚至传闻达·芬奇曾将欧洲鳇的鱼子酱装入镶嵌宝石的精致礼盒中，作为结婚礼物赠予贝亚特丽斯·德斯特（Beatrice d'Este，当时的米兰公爵夫人）。

之后，这一本土鲟鱼物种在意大利境内消失了踪迹。然而，时隔多年，波河——这片鲟鱼的孕育之地，其清凉的河水再次吸引了鲟鱼的归来。近几十年来，波河沿岸出现了多个鲟鱼养殖场。得益于波河自然环境的滋养以及鲟鱼在全球范围内受到的认可，年轻的意大利鱼子酱产业迅速崛起并日渐壮大。在这一行业中，吉亚维里家族成了领军者。家族成员包括父亲罗道夫和女儿珍妮、吉亚达以及乔伊斯。他们在距离威尼斯20千米的地方拥有占地15公顷的池塘和网箱系统，

© 吉亚维里鱼子酱公司

© 地中海综合渔业委员会／丹尼尔·吉莱特

"在俄罗斯的饮食文化中，鲟鱼一直占据着举足轻重的地位。它常被用来制作一道名为'鱼子乌哈'（Ukha Osetra）的传统汤品。这道汤以鲟鱼头、胡萝卜、洋葱和香草为基础熬制汤底，接着加入土豆丁和鲟鱼块，最后撒上大蒜、欧芹和莳萝作为点缀，增添风味。"

丹尼尔·尼库林（Daniil Nikulin），法国保罗·博古斯酒店与厨艺学院烹饪专业学生

成功养殖了包括欧洲鳇在内的10个品种。

亚维里养殖场已经对地下水的水体地球化学特性进行了校准，以确保鲟鱼能够享受到与黑海、里海等自然环境相同的生长条件。然而，仅仅关注鲟鱼的生活环境只是个性化护理的第一步，因为欧洲鳇的寿命长达20年之久，需要更为细致和持久的关怀。

吉亚维里一家阐述道："我们的生产周期始于鱼卵，也止于鱼卵。"在鲟鱼的成长发育过程中，其成熟期根据物种和个体差异而有所不同，短则7年，长则15年。因此，对每条鱼的食物摄入、行为习性以及健康状况进行细致入微的监控显得尤为关键。这一重要监督工作由计算机系统和技术专家携手完成。

这种人工与技术的完美结合同样体现在鱼和鱼子的收获过程中。在收获时，工作人员会对成熟的雌鱼进行无创超声检查，以精确判断鱼子的质量和发育状况。

吉亚维里严格遵循其独特标准，选取的优质鱼子将经历一系列精心的美食工艺处理。在这一过程中，俄罗斯烹饪传统与意大利技艺完美融合，共同打造出风味独特的鱼子酱。所有鱼子均通过手工提取，以确保杂质被彻底清除。吉亚维里采用独特的"马拉索"（俄语意为"少盐"）盐腌法，将鱼子放入真空密封罐中腌制三个月，以赋予其独特的口感。

鱼子酱的盛名源于俄罗斯沙皇统治时期，当时君主们品尝了黑海及其统治区域内各种鲟鱼的鱼子。其中，由欧洲鳇的鱼子制成的鱼子酱，因其颗粒饱满、风味独特尤为出名。然而，随着鱼子酱在全球范围内声誉的飙升，出口量以吨为单位激增，导致俄罗斯本土野生鲟鱼资源过度捕捞，许多鲟鱼品种面临灭绝的危机。20世纪90年代，《濒危野生动植物种国际贸易公约》（CITES）对野生鲟鱼捕捞

© 吉亚维里鱼子酱公司　　　　　　　　　© 吉亚维里鱼子酱公司

实施了严格的限制和禁令，以保护这一珍贵资源。（CITES，2023）

罗道夫·吉亚维里的养殖场早在20世纪70年代就已建立，并在原有的鳗鱼养殖基础上引入了鲟鱼。最初，他引入鲟鱼只是出于钓鱼娱乐的考虑，并享受这一鱼种的食用价值。随着时间的推移，鲟鱼逐渐成了当地的本土物种。鉴于全球对野生鲟鱼捕捞的严格限制，以及市场对鱼子酱持续增长的需求，鲟鱼养殖者迎来了商机，而罗道夫正是其中一位早已为此机会做好准备的养殖者。

在接下来的25年里，吉亚维里家族在生产鱼子酱的同时，也积极探寻其美味的本源。他们组织员工参加由伊朗和俄罗斯专家主持的研讨会，学习先进的养殖技术和方法，并不断进行创新和实验。同时，他们持续在自己的养殖场中增加鲟鱼品种，如今，他们的养殖场已拥有众多鲟鱼品种。

根据美食界的权威定义，"鱼子酱"（caviar）这一术语专指由鲟科下的鲟属和鳇属的鱼卵制成的腌制品。然而，消费者在购买时，可能会对鱼子酱的鱼种来源感到困惑。吉亚维里家族坚守最高的可追溯性和质量标准，为所有产品配备清晰易读的标签，带有传统的蓝色和红色丝带标记。除了确保客户的舒适与健康，吉亚维里还致力于降低养殖活动对环境的影响，节约和循环利用水资源，以及仅使用绿色可再生能源来经营养殖场。在吉亚维里家族和其他养殖者的共同努力下，科学家已成功将亚得里亚海鲟（*Acipenser naccarii*）重新引入波河流域。他们怀揣着希望，期盼有一天，那雄伟的巨型白鲟（欧洲鳇）也能抵达其故乡的西部边缘，重返最初的家园。

"我们的养殖活动始终遵循自然规律，致力于维护养殖环境的整体性。"

地区传统与特色食谱

中世纪时期，鲟鱼被视为珍馐美味，在君主宴会上成为各类佳肴的宠儿。在鱼子酱流行之前，人们常采用腌制的方式来保存鲟鱼肉，以延长其食用期限。到了公元9世纪左右，人们开始用盐腌制鲟鱼卵，鱼子酱逐渐崭露头角，并迅速风靡，如今已成为高档餐厅中不可或缺的美食佳肴。

俄罗斯/鱼子酱

©地中海综合渔业委员会/
塞尔瓦吉·科涅蒂·德·马蒂斯

鱼子酱被誉为世界上最为昂贵的美食之一，以大型鲟鱼的鱼卵为原料，经过冲洗、盐水浸泡和细致分类等精细工艺后，被精心装入锡盒中。传统上，人们喜欢将鱼子酱与伏特加搭配享用，但如今在高端餐厅中，更常见的是与香槟搭配食用。值得一提的是，生产鱼子酱的雌性鲟鱼的鱼肉可以用于熬制汤底或制作汤品，其价格相对较为实惠。

俄罗斯/烟熏鲟鱼

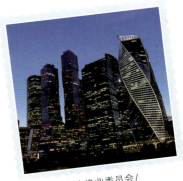

©地中海综合渔业委员会/
埃德加·穆舍吉扬

这道佳肴采用大型雌性淡水鲟鱼，经过腌制和冷熏处理，再切片搭配腌制的蔬菜，与吐司一同食用。制作过程中，先去除鲟鱼的内脏，清洗干净后切片，再将鱼片浸泡在含糖的盐水溶液中。接着，使用苹果树木屑进行冷熏处理，以保持肉质并赋予其苹果的清香。作为烟熏三文鱼的替代品，烟熏鲟鱼因其更为亲民的价格，在产区广受欢迎，成了一道有趣的平价选择。

© 地中海综合渔业委员会/
奥克萨纳·巴拉绍娃

乌克兰/乌哈汤

这道传统的鱼汤配方以白肉鱼类（如鲟鱼）为主要材料，常常作为节庆活动的开胃菜。制作时，先将鱼骨、鱼尾和鱼头与洋葱、胡萝卜、月桂叶、莳萝、龙蒿、欧芹、肉豆蔻和茴香籽一同放入锅中，用小火慢煮成浓郁的鱼汤。随后，将鱼汤过滤，搭配煮熟的鱼片、胡萝卜和欧芹碎一同享用。在某些版本的鱼汤中，还会加入藏红花花蕊，使得肉汤呈现出迷人的金黄或橙色。

烹饪小技巧

如何处理鲟鱼？

鲟鱼的肉质结构与旗鱼和黄鳍金枪鱼相似，烹饪时容易变得干燥。为避免此问题，建议在烹饪前将鱼片用橄榄油、香料和调味植物腌制一小时。橄榄油中的脂肪有助于在烤制或煎炸过程中保持鱼肉的湿润度。

如何烹饪鲟鱼？

鲟鱼通常会以鱼排或带骨鱼排的形式烹制。为了保持烹饪后鱼肉水分不流失，可采用盐壳烘烤法。具体操作时，可用甜菜叶、无花果叶或海藻等包裹鱼排，以防止鱼肉与粗盐直接接触。此外，盐壳也可以用面包或面团代替，与鱼排一同食用。鲟鱼同样适合烟熏处理，可以作为烟熏三文鱼的替代品，放入三明治或吐司中享用。

如何给鲟鱼调味？

鲟鱼肉质鲜美，在配料上，它适合与新颖且味道浓郁的食材如香醋、柠檬、龙蒿或酸叶草等搭配；同时，也可以加入小茴香、漆树或姜粉等淡味香料来丰富口感。

以下是和鲟鱼搭配的最佳食材，可以制作出独特的地中海和黑海风味菜肴。

蔬菜
- 菠菜
- 芹菜
- 小萝卜
- 西葫芦
- 茄子
- 洋葱

水果
- 葡萄
- 柠檬
- 石榴

香草和香料
- 欧芹
- 龙蒿
- 牛至
- 迷迭香

调味料
- 白葡萄酒
- 杜松子
- 莳萝
- 姜
- 辣椒

肉类和乳制品
- 意大利熏猪肉

谷物、豆类和坚果
- 野生黑米
- 白豆
- 扁豆

盐皮鲟鱼搭配
撒丁岛烩面

类型：
主菜
份数：
4 人份
准备时间：
15 分钟
烹饪时间：
40 分钟

这道菜采用盐壳烤制鲟鱼，确保鱼肉在烹饪时保持湿润和嫩滑。制作时，先用瑞士甜菜叶包裹鱼排，以避免鱼肉过度吸收盐分。配以意大利撒丁岛的一种传统的小粒面食（fregola sarda），一同制作成特色烩面。

所需厨具

- 炖锅
- 细筛
- 剪刀
- 鱼骨镊
- 烤盘
- 防油纸
- 砧板
- 不粘锅
- 细丝刨丝器

所需食材

鲜香高汤
- 1 升水
- 3 根百里香茎
- 2 根迷迭香茎
- 2 片月桂叶
- 2 瓣大蒜

盐壳烤鲟鱼
- 1 条鲟鱼
- 1 千克粗盐
- 6 片瑞士甜菜叶
- 盐和胡椒

撒丁岛烩面
- 1 颗白洋葱
- 6 根瑞士甜菜茎
- 400 克撒丁岛小粒面
- 一杯白葡萄酒
- 2 汤匙无盐黄油
- 80 克佩科里诺奶酪碎
- 盐和胡椒

配菜
- 1 个葡萄柚
- 1 根葱
- 80 克佩科里诺奶酪碎

制作步骤

鲜香高汤

将适量的水、百里香、迷迭香、月桂叶和大蒜放入炖锅中，煮沸后转小火继续煨煮10分钟。接着，使用细筛将高汤过滤出来。

盐壳烤鲟鱼

首先，用冷水冲洗鲟鱼，仔细去除鱼皮和鱼骨，然后用盐和胡椒进行调味。接下来，取一些新鲜的瑞士甜菜叶，轻轻包裹住鱼，确保鱼片被完全覆盖。将包裹好的鱼放置在铺有防油纸的烤盘上。之后，在表面均匀地撒上一层粗盐，形成一层盐壳。最后，将烤盘放入已预热至180℃的烤箱中，烘烤约20分钟。

撒丁岛烩面

首先，在烘烤鱼排的同时，将

洋葱剥皮并切成小丁，瑞士甜菜茎也切成小丁。接着，在锅中倒入适量的橄榄油，将洋葱丁和瑞士甜菜茎丁翻炒至香味四溢。随后，加入撒丁岛小粒面，并倒入适量的白葡萄酒增添风味。在烹饪过程中，不断加入高汤，直至小粒面煮至软糯。最后，将黄油和佩科里诺奶酪碎拌入锅中，充分混合均匀，最后用盐和胡椒进行调味。

摆盘

将葡萄柚去皮后切成小丁，同时把葱切碎备用。接着，小心地剥去鲟鱼上的盐壳，再将鱼肉切成片。最后，将盐烤鲟鱼片与撒丁岛烩面一同装盘，并在上面撒上葡萄柚丁、小葱碎以及佩科里诺奶酪碎，即可上桌享用。

营养成分表

	每100克	每份配方
热量	311千焦	12 954千焦
蛋白质	4.4克	182.0克
碳水化合物	7.1克	295.0克
纤维	0.8克	33.9克
糖	0.6克	25.5克
脂肪	2.8克	115.0克
饱和脂肪	1.2克	51.4克
钠	139毫克	5 774毫克

参考文献

Alvarez, M.R., Friedl, F.E., Johnson, J.S. & Hinsch, G.W. 1989. Factors affecting in vitro phagocytosis by oyster hemocytes. *Journal of Invertebrate Pathology*, 54(2): 233–241.

Bardot-Cambot, A. & Forest, V. 2013. Ostréiculture et mytiliculture à l'époque romaine? Des définitions modernes à l'épreuve de l'archéologie. *Revue archéologique*, 2: 367–388.

Bauchot, M.L. 1987. Poissons osseux. In: W. Fischer, M.L. Bauchot and M. Schneider, eds. *Méditerranée et mer Noire. Révision 1. Zone de pêche 37. Vol. 2. Fiches FAO d'identification pour les besoins de la pêche*, pp. 891–1421. Brussels, Commission des Communautés Européennes and Rome, FAO.

Botta, R., Asche, F., Borsum, J.S., & Camp, E.V. 2020. A review of global oyster aquaculture production and consumption. *Marine Policy*, 117: 103952.

Boudouresque, C.F. & Verlaque, M. Ecology of *Paracentrotus lividus*. 2007. In: J.M. Lawrence, ed. *Edible Sea Urchins: Biology and Ecology*, pp. 243–285. Vol. 37. Developments in aquaculture and fisheries science. Amsterdam, Elsevier.

Brundu, G., Farina, S., Guala, I., Guerzoni, S. & Pinna, S. 2020. Riccio di mare: ricerca e gestione della risorsa. *Il Pesche*, 20(2): 102–109.

Buschmann, A.H., Correa, J.A., Westermeier, R., Hernandez-Gonzalez, M.C. & Norambuena, R. 2001. Red algal farming in Chile: a review. *Aquaculture*, 194: 203–220.

Capillo, G., Sanfilippo, M., Aliko, V., Spano, A., Spinelli, A. & Manganaro, A. 2017. *Gracilaria gracilis*, Source of Agar: A Short Review. *Current Organic Chemistry*, 21(5): 380–386.

Chebanov, M.S. & Galich, E.V. 2013. Sturgeon hatchery manual. FAO Fisheries and Aquaculture Technical Paper No. 558. Rome, FAO. fao.org/3/i2144e/i2144e.pdf.

Chopin, T. 2014. Seaweeds: Top mariculture crop, ecosystem service provider. *Global Aquaculture Advocate*, 17(5): 54–56.

Çiftci, Y., Üstündağ, C., Erteken, A., Özongun, M., Ceylan, B., Haşimoğlu A., Güneş, E., Yoseda, K., Sakamoto, F., Nezaki, G. & Hara, S. 2002. *Manual for the Seed Production of Turbot,* Psetta maxima *in the Black Sea*. Special Publication No. 2. Trabzon, Türkiye, Central Fisheries Research Institute, Ministry of Agriculture and Rural Affairs and Tokyo, Japan International Cooperation Agency.

CITES. 2023. Sturgeons. In: *CITES*. Geneva. Cited 22 January 2023. cites.org/eng/prog/sturgeon.php.

Copp, G.H., Bianco, P.G., Bogutskaya, N.G., Eros, T., Falkal, I., Ferreira, M.T. *et al.* 2005. To be, or not to be, a non-native freshwater fish? *Journal of Applied Ichthyology*, 21: 242–262.

Craik, J.C.A. 1985. Egg quality and egg pigment content in salmonid fishes. *Aquaculture*, 47(1): 61–88.

EUMOFA. 2021. *The caviar market: production, trade, and consumption in and outside the*

EU an update of the 2018 report. Brussels.

EUMOFA. 2022. *Oysters in the EU: Price structure in the supply chain focus on France, Ireland and the Netherlands.* Case study. Luxembourg, Publications Office of the European Union.

Eurostat. 2022. Production from aquaculture excluding hatcheries and nurseries (from 2008 onwards). In: *Eurostat.* Cited 6 December 2022. ec.europa.eu/eurostat/databrowser/view/FISH_AQ2A__custom_4058947/default/table?lang=en.

FAO. 2019. *Regional Conference on river habitat restoration for inland fisheries in the Danube river basin and adjacent Black Sea areas. Conference Proceedings, 13–15 November 2018, Bucharest, Romania.* FAO Fisheries and Aquaculture Proceedings No. 63. Rome. https://doi.org/10.4060/ca5741en.

FAO. 2022a. *Cyprinus carpio.* Cultured Aquatic Species Information Programme. In: *Fisheries and Aquaculture Division.* Rome. Cited 5 July 2022. fao.org/fishery/en/culturedspecies/cyprinus_carpio/en.

FAO. 2022b. Common carp – Growth. In: *Aquaculture Feed and Fertilizer Resources Information System.* Rome. Cited 5 July 2022. https://www.fao.org/fishery/affris/species-profiles/common-carp/growth/en/.

FAO. 2022c. *Mytilus galloprovincialis.* Cultured Aquatic Species Information Programme. In: *Fisheries and Aquaculture Division.* Rome. Cited 28 July 2022. fao.org/fishery/en/culturedspecies/mytilus_galloprovincialis/en.

FAO. 2022d. *Sparus aurata.* Cultured Aquatic Species Information Programme. In: *Fisheries and Aquaculture Division.* Rome. Cited 31 July 2022. fao.org/fishery/en/culturedspecies/sparus_aurata/en.

FAO. 2022e. *Mugil cephalus.* Cultured Aquatic Species Information Programme. In: *Fisheries and Aquaculture Division.* Rome. Cited 5 July 2022. fao.org/fishery/en/culturedspecies/mugil_cephalus/en.

FAO. 2022f. *Oreochromis niloticus.* Cultured Aquatic Species Information Programme. In: *Fisheries and Aquaculture Division.* Rome. Cited 31 July 2022. fao.org/fishery/en/culturedspecies/oreochromis_niloticus/en.

FAO. 2022g. *Scophthalmus maximus.* Cultured Aquatic Species Information Programme. In: *Fisheries and Aquaculture Division.* Rome. Cited 26 July 2022. fao.org/fishery/en/culturedspecies/Psetta_maxima/en.

FAO. 2022h. *Dicentrarchus labrax.* Cultured Aquatic Species Information Programme. In: *Fisheries and Aquaculture Division.* Rome. Cited 31 July 2022. fao.org/fishery/en/culturedspecies/dicentrarchus_labrax/en.

FAO. 2022i. *Onchorhynchus mykiss.* Cultured Aquatic Species Information Programme. In: *Fisheries and Aquaculture Division.* Rome. Cited 2 August 2022. fao.org/fishery/en/culturedspecies/oncorhynchus_mykiss/en.

FAO. 2022j. *Magallana gigas.* Cultured Aquatic Species Information Programme. In: *Fisheries and Aquaculture Division.* Rome. Cited 29 July 2022. fao.org/fishery/en/culturedspecies/crassostrea_gigas_.

FAO. 2023. Global aquaculture production quantity (1950–2020). In: *Fisheries and Aquaculture Division.* Rome. Cited 26 July

2022. fao.org/fishery/statistics-query/en/aquaculture/aquaculture_quantity.

Figueras A.J. 1989. Mussel culture in Spain and in France. *World Aquaculture*, 20(4): 8–17.

GFCM. 2021. *Report of the webinar on the status and future of seaweed farming in the Mediterranean and the Black Sea, Online, 15 July 2021*. Rome. fao.org/gfcm/technical-meetings/detail/en/c/1442598/.

Günther, R. T. 1897. The oyster culture of the ancient Romans. *Journal of the Marine Biological Association of the United Kingdom*, 4(4): 360–365.

Gupta, M.V. & Belen O.A. 2004. A review of global tilapia farming practices. *Aquaculture Asia*, 9(1): 7–12.

Hanisak, M.D. & Ryther, J.H. 1984. Cultivation biology of *Gracilaria tikyahiae* in the USA. *Hydrobiologia*, 117: 295–298.

Harrison, I.J. 2002. Order Mugiliformes: Mugilidae. In: K.E. Carpenter, ed. *The living marine resources of the Western Central Atlantic. Volume 2: Bony fishes part 1 (Acipenseridae to Grammatidae)*, pp. 1071–1085. FAO Species Identification Guide for Fishery Purposes and American Society of Ichthyologists and Herpetologists Special Publication No. 5. Rome, FAO. fao.org/3/y4161e/y4161e00.htm.

Liao, Y.-C., Chang, C.-C., Nagarajan, D., Chen, C.-Y. & Chang, J.-S. 2021. Algae-derived hydrocolloids in foods: applications and health-related issues. *Bioengineered*, 12(1):3787–3801.

Liu, H. & Chang, Y-Q. 2015. Sea urchin aquaculture in China. In: N.P. Brown & S.D. Eddy, eds. *Echinoderm aquaculture*, pp. 127–146. Hoboken, New Jersey, John Wiley & Sons, Inc.

Manjappa, K., Keshavanath, P. & Gangadhara, B. 2011. Influence of sardine oil supplemented fish meal free diets on common carp (*Cyprinus carpio*) growth, carcass composition and digestive enzyme activity. *Journal of Fisheries and Aquatic Science*, 6(6): 604. https://dx.doi.org/10.3923/jfas.2011.604.613 .

Massa, F., Aydin, İ., Fezzardi, D., Akbulut, B., Atanasoff, A., Beken, A., & Bekh, V. 2021. Black Sea Aquaculture: Legacy, Challenges & Future Opportunities. *Aquaculture Studies*, 21: 181–220.

McBride, S. 2005. Sea Urchin Aquaculture. *American Fisheries Symposium*, 46: 179–208.

McHugh, D.J. 2003. *A guide to the seaweed industry*. FAO Fisheries Technical Paper No. 441. Rome, FAO. fao.org/3/y4765e/y4765e00.htm.

Moreira, A., Cruz, S., Marques, R. & Cartaxana, P. 2021. The unexplored potential of green macroalgae in aquaculture. *Reviews in Aquaculture*, 14(1): 5–26.

Neori, A., Troell, M., Chopin, T., Yarish, C., Critchley, A. & Buschmann, A.H. 2007. The need for a balanced ecosystem approach to blue revolution aquaculture. *Environment: Science and Policy for Sustainable Development*, 49(3): 36–43.

Pander, J., Schnell, J., Sternecker, K. & Geist, J. 2009. The 'egg sandwich': a method for linking spatially resolved salmonid hatching rates with habitat variables in stream ecosystems. *Journal of Fish Biology*, 74, 683–690.

Pavlidis M. & Mylonas C.C. eds. 2011. *Sparidae: Biology and Aquaculture of Gilthead Sea Bream and Other Species*.

Hoboken, USA, Wiley-Blackwell.

Saleh, M. 2008. Capture-based aquaculture of mullets in Egypt. In: A. Lovatelli & P.F. Holthus, eds., *Capture-based aquaculture. Global review*, pp. 109–126. FAO Fisheries Technical Paper No. 508. Rome, FAO. fao.org/3/i0254e/i0254e04.pdf.

Saleh, M.A. & Salem, A.M. 2005. *National Aquaculture Sector Overview. Egypt*. FAO Inland Water Resources and Aquaculture Service (FIRI). Rome, FAO.

Seginer, I. 2016. Growth models of gilthead sea bream (*Sparus aurata* L.) for aquaculture: A review. *Aquacultural Engineering*, 70: 15–32.

Shelton, W.L. 2002. Tilapia culture in the 21st century. In: Guerrero, R.D. III and M.R. Guerrero-del Castillo eds., *Proceedings of the International Forum on Tilapia Farming in the 21st Century (Tilapia Forum 2002)*, pp. 1–20. Los Baños, Philippines, Philippine Fisheries Association.

Smith, C.L. 1990. Moronidae. In: J.C. Quero, J.C. Hureau, C. Karrer, A. Post & L. Saldanha, eds. *Check-list of the fishes of the eastern tropical Atlantic (CLOFETA) Vol. 2*, pp. 692–694. Lisbon, JNICT, Paris, SEI and Paris, UNESCO.

Stickney, R.R., ed. 2000. *Encyclopedia of aquaculture*. Hoboken, USA, Wiley.

Turolla, E. 2016. *Arcidae, Glycymerididae e Mytilidae*. Vol 2. Gasteropodi e bivalve marini dei mercati Europei. Ferrara, Italy, Istituto Delta Ecologia Applicata.

Turolla, E. 2020. *Pectinidae e Ostreidae*. Vol 3. Gasteropodi e bivalvi dei mercati europei. Ferrara, Italy, Istituto Delta Ecologia Applicata.

Verlaque, M. & Nedelec, H. 1983. Biologie de *Paracentrotus lividus* (Lamarck) sur substrat rocheux en Corse (Méditerranée, France): alimentation des adultes. *Vie et Milieu*, 33: 191–201.

Wang, M. & Lu, M. 2015. Tilapia polyculture: a global review. *Aquaculture Research*, 2015, 1–12.

Woynarovich, A., Hoitsy, G. & Moth-Poulsen, T. 2011. *Small-scale rainbow trout farming*. FAO Fisheries and Aquaculture Technical Paper No. 561. Rome, FAO. fao.org/3/i2125e/i2125e00.pdf.

WWF. 2020. *The biology of Danube sturgeons*. Factsheet. Washington, DC.

图书在版编目（CIP）数据

满足味蕾的养殖水产品：探索十二种地中海与黑海鱼类从海洋至餐桌之旅 / 联合国粮食及农业组织编著；赵文等译. -- 北京：中国农业出版社，2025.6.
(FAO中文出版计划项目丛书). -- ISBN 978-7-109
-33177-8

Ⅰ．S96

中国国家版本馆CIP数据核字第202529RU56号

著作权合同登记号：图字01-2024-6553号

满足味蕾的养殖水产品
MANZU WEILEI DE YANGZHI SHUICHANPIN

中国农业出版社出版

地址：北京市朝阳区麦子店街18号楼

邮编：100125

责任编辑：何　玮

责任校对：吴丽婷

印刷：北京通州皇家印刷厂

版次：2025年6月第1版

印次：2025年6月北京第1次印刷

发行：新华书店北京发行所

开本：700mm×1000mm　1/16

印张：12

字数：208千字

定价：108.00元